木结构建筑 案例集

江苏省住房和城乡建设厅
江苏省住房和城乡建设厅科技发展中心　编著

U0380465

东南大学出版社
SOUTHEAST UNIVERSITY PRESS
·南京·

图书在版编目(CIP)数据

木结构建筑案例集 / 江苏省住房和城乡建设厅, 江
苏省住房和城乡建设厅科技发展中心编著 . -- 南京 : 东
南大学出版社 , 2025. 1. -- ISBN 978-7-5766-1543-2

Ⅰ. TU366.204

中国国家版本馆 CIP 数据核字第 2024FF7796 号

责任编辑 : 丁　丁　　责任校对 : 李成思　　封面设计 : 王　玥　　责任印制 : 周荣虎

木结构建筑案例集

MUJIEGOU JIANZHU ANLI JI

编　　著 : 江苏省住房和城乡建设厅　江苏省住房和城乡建设厅科技发展中心
出版发行 : 东南大学出版社
出 版 人 : 白云飞
社　　址 : 南京市四牌楼 2 号　邮编 : 210096
网　　址 : http://www.seupress.com
电子邮箱 : press@seupress.com
经　　销 : 全国各地新华书店
印　　刷 : 江阴金马印刷有限公司
开　　本 : 889 mm × 1194 mm　1/16
印　　张 : 10.75
字　　数 : 331 千字
版　　次 : 2025 年 1 月第 1 版
印　　次 : 2025 年 1 月第 1 次印刷
书　　号 : ISBN 978-7-5766-1543-2
定　　价 : 168.00 元

本社图书若有印装质量问题,请直接与营销部联系,电话 : 025-83791830

《木结构建筑案例集》
编　委　会

主　　编　刘大威

副 主 编　蔡雨亭　　王登云　　倪　竣　　韦伯军

技术统筹　赵　欣　　程小武　　俞　锋　　孙雪梅

统稿校对　朱文运　　徐以扬　　庄　玮　　胡　浩　　缪佳林　　黄　栩

编写人员　（按姓氏笔画排序）

马艳秋　　王　艳　　王　硕　　叶　麟　　平家华　　孙小鸢

纪　微　　朱寻焱　　张　翀　　陈　露　　李　竹　　杨会峰

杨　波　　周金将　　周琪琪　　周亮杰　　姚昕悦　　徐以扬

高　霖　　程小武　　葛　畅　　蓝　峰　　简诗文　　阙泽利

编　　著　江苏省住房和城乡建设厅
　　　　　　江苏省住房和城乡建设厅科技发展中心

参　　编　南京工业大学
　　　　　　苏州昆仑绿建木结构科技股份有限公司
　　　　　　中衡设计集团股份有限公司
　　　　　　东南大学建筑设计研究有限公司
　　　　　　南京林业大学

CONTENTS
目录

01

木结构建筑
概论

　　人类自诞生以来，本能地利用身边的自然材料土、木、石建造居住之所。材料的选择和地理环境及文化信仰有关，以中国为代表的东方文明以土木为常规建筑材料，创造出了"如鸟斯革，如翚斯飞"的优美木结构建筑形象。进入19世纪以后，随着水泥、钢材的大量使用，人类进入了"钢筋混凝土森林"时代。根据《2023中国建筑与城市基础设施碳排放研究报告》，2021年全国建筑业全过程碳排放总量为50.1亿t二氧化碳，占全国能源相关碳排放的比重为47.1%。而木材作为一种天然可再生建筑材料，每生长1.0 m³，净吸收1.0 t二氧化碳，释放730 kg氧气，储存270 kg碳，生态环保效益显著。因此，发展木结构建筑符合可持续发展国家战略。

▶ 中国木结构建筑发展概述

传统木结构建筑在我国源远流长，其源于上古、兴于秦汉、盛于唐宋，明清已至巅峰。

河姆渡遗址建筑复原图

上古时期，我国居住方式主要有巢居和穴居两种，且有明显的地域特色：北方中原地区因气候干燥、土层较厚，适合挖洞，以穴居居多；南方尤其是长江中下游一带，雨水充沛且地下水位高，取而代之的是在树木半腰构筑窝棚，以巢居为主。巢居再发展为在地面上插木筑屋，河姆渡遗址是巢居建筑的典型代表，其建筑复原图如图所示。

秦汉时期，传统木结构建筑体系趋于稳定，并形成了穿斗式、抬梁式等木结构形式。到了唐宋年间传统木结构建造技术更趋成熟，并向标准化和模数化发展。1056年建成了67.31 m高的应县木塔，1103年出版了国际上最早、最为完整的木建筑著作《营造法式》。明清时期，传统木结构建筑体系和形制进一步固化，建造技术更加成熟，国内大部分现存的木结构建筑即来自该时期，其中建于1406年的北京故宫，是世界上现存规模最大、保存最为完整的木结构古建筑之一。

在中国传统木结构建筑中，木构件之间采用榫卯连接：凸出部分叫榫（或榫头），凹进部分叫卯（或榫眼、榫槽）；榫和卯咬合，起到柔性连接作用。

斗栱是中国传统木结构建筑的特有构造，是由斗、栱、昂、枋等木构件纵横交叉层叠而成的结构单元，它们通过相互之间的榫卯连接和暗销连接，形成整体，具有承托出檐、减小跨距、耗能减震等作用。斗栱是代表中国乃至东方传统木结构建筑的典型文化符号。

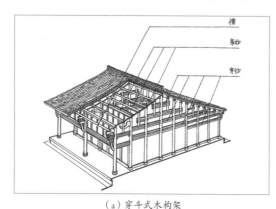

（a）穿斗式木构架

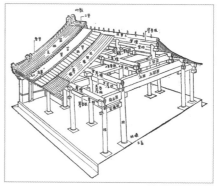

（b）抬梁式木构架

典型的传统木建筑结构形式

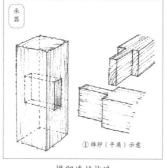

① 榫卯（平肩）示意

榫卯连接构造

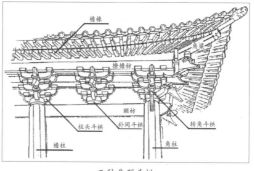

三种典型斗栱

应县木塔

北京故宫

江苏苏州胥虹桥

第十届江苏省园艺博览会木结构主展馆

新中国成立初期，由于木材和黏土砖具有就地取材、性价比高等优点，很多工业与民用建筑均采用砖木混合结构；同时，我国也从西方引入胶合木结构技术，开展了现代木结构方面的工程实践。到 20 世纪 80 年代，木材资源日趋短缺，钢材和水泥产量大幅增加，民用建筑普遍采用钢筋混凝土结构形式，木结构建筑的发展基本处于停滞状态。

进入 21 世纪后，我国经济高速发展，低碳建筑理念深入人心，随着相关科研的不断推进，现代木结构材料性能和构造技术大幅提升，原材料产能显著提高，推动我国现代木结构项目应用日益广泛。由于国家政策的不断倾斜，高校和科研院所的木结构教学和科学研究活动日趋活跃，木结构人才培养质量不断提高。与此同时，我国木结构相关规范标准也实现了跨越式发展，例如我国颁布了《木结构设计标准》（GB 50005—2017）、《胶合木结构技术规范》（GB/T 50708—2012）、《多高层木结构建筑技术标准》（GB/T 51226—2017）等一系列标准规范。这些标准规范的颁布极大地推动了我国现代木结构建筑的发展。

近些年，我国优秀现代木结构工程案例不断涌现：2013 年在江苏苏州建成的木结构人行桥——胥虹桥，采用胶合木桁架拱结构，跨度为 75.7 m，建成时是世界最大跨度木结构桁架拱桥；2018 年在江苏扬州建成的第十届江苏省园艺博览会木结构主展馆，其中凤凰阁采用桁架顶接异形木刚架结构，单层高度达到 23.5 m，是当时单层最高的现代木结构楼阁建筑，项目荣获 2020 年度中国绿色建筑创新一等奖；2020 年在山东蓬莱落成的鼎驰木业集团有限公司研发中心办公楼是目前国内已建成高度最高（23.55 m）、层数最多（6 层）的纯木结构办公楼。

▶ 国外木结构建筑发展概述

西方木结构建筑也经历了逾千年历史，但其与我国木结构建筑发展的最大不同在于，木结构主要用于普通民居而非宫殿建筑或宗教建筑，因此在很长一段时期内，其木结构建筑规模相对较小。

15 世纪末，欧洲移民涌入北美大陆，就地取材开创了轻型木结构建筑形式，这种木结构建筑主要由规格材、木基结构板或石膏板制作的墙体、楼板和屋盖系统构成，具有抗震防火性能好、加工安装便捷、保温隔热性能优良、经济性好等诸多优点，北美新建住宅的 80% 以上均为轻型木结构建筑。

19 世纪末和 20 世纪中叶，层板胶合木（glued laminated timber，简称 GLT）和结构用木材胶黏剂技术相继取得突破，使得木结构的应用领域和规模均得到快速发展。近 20 年来，以单板层积材（laminated veneer lumber，简称 LVL）、平行木片胶合木（parallel strand lumber，简称 PSL）、正交胶合木（cross laminated timber，简称 CLT）为代表的多种工程木产品相继问世，上述木结构材料的创新极大地促进了现代木结构的发展，以胶合木梁柱、CLT 墙体作为结构受力构件的重型木结构建筑大量建成。目前，现代木结构在北美、欧洲和日本等国家和地区得到了广泛应用，应用领域涵盖居住建筑、办公建筑、体育建筑、展馆建筑和景观桥梁等。如 1981 年建于美国华盛顿州塔科马市的塔科马体育馆，采用胶合木穹顶结构，穹顶直径 162 m，距地面高度 45.7 m，共由 414 道长度为 762 mm 的弧形胶合木梁形成单层网壳屋面，建筑面积 13 900 m^2。2019 年建于挪威布鲁蒙达尔市的 Mjøstårnet 大楼，采用全木结构建造，共 18 层 85.4 m 高，是一栋内含公寓、酒店、游泳池、办公室和餐厅的混合用途建筑，建成时是全世界最高的木结构建筑。

层板胶合木

正交胶合木

挪威 Mjøstårnet 大楼

美国塔科马体育馆

▶ 我国现代木结构建筑的应用与发展趋势

　　进入 21 世纪以来，我国现代木结构建筑逐渐在经济发达的沿海地区得到应用。随着中国经济的发展，节能环保政策的落实，绿色环保的木结构建筑越来越受欢迎。在我国现有的木结构建筑中，轻型木结构建筑是主流，占比近 60%；近些年来重型木结构建筑明显增加，占比约 25%，其他形式木结构（包括轻重木混合、井干式木结构、木–混凝土结构与木–钢结构等）占比约 15%。目前，我国现代木结构的应用十分广泛，按使用功能划分主要有以下几类：

　　（1）居住建筑：居住建筑占已建木结构建筑的 50%，是目前木结构建筑应用的主要市场，如苏州太湖御玲珑生态住宅示范苑。此外，在江苏、浙江、上海等地，居住建筑"平改坡"项目中的木结构屋顶也是主要的应用类型。

　　（2）办公建筑：各类办公建筑通常采用胶合木梁柱结构体系，层数以 3~5 层居多，如近年落成的昆仑

苏州太湖御玲珑生态住宅示范苑

无锡建发木结构学术交流中心

绿建 9# 研发楼（3 层）、无锡建发木结构学术交流中心（4 层）办公楼等。

　　（3）体育建筑：室内体育馆、游泳馆等体育场馆需要大空间，木结构重木体系可以很好地解决跨度问题，而且结构形态优美、表现形式多样，如近年来建成的常州淹城初级中学体育馆、贵州黔东南州榕江县室内游泳馆、上海崇明体育训练基地游泳馆等。

　　（4）展馆建筑：通常以拱结构、木网壳等体系来实现各类展示馆的无柱大跨空间，如近年建成的四川成都天府农博园主展馆（跨度达到 118 m）、山西太原植物园

贵州黔东南州榕江县室内游泳馆

四川成都天府农博园主展馆

山西太原植物园展示馆

山东潍坊正大集团鸡蛋科普馆

展示馆、山东潍坊正大集团鸡蛋科普馆等，充分展现了木结构建筑的构造之美。

（5）文旅建筑：包括游客中心、售楼中心、茶馆餐厅等类型，建筑单体体量不大，造型富有特点，常采用纯木结构、钢－木混合结构体系等，有较强的展示效果，如上海西郊宾馆意境园餐厅、四川省九寨沟景区沟口立体式游客服务中心、四川成都道明竹里社区文化中心等。

上海西郊宾馆意境园餐厅

江苏南京老门东芥子园

四川成都道明竹里社区文化中心

（6）景观桥梁：大跨胶合木桥梁具有耐久性好、外观优美、安装方便、维修费用低等优点，目前在我国的应用以人行景观桥为主。山东北海黄河故道公园飞虹桥采用胶合木桁架拱的结构形式，净跨度达到99.9 m，是目前世界上跨度最大的木结构单跨桁架拱桥。

（7）其他传统形制木建筑：包括新建仿古木结构建筑和古代木结构建筑修复等，虽然其中部分建筑会采用现代木结构技术建造，但是在建筑形式以及整体风貌等方面都最大限度地保留了传统木结构建筑特点，从而继承和发扬了传统建筑文化。近些年来建成的比较有代表性的传统木结构建筑有南京老门东芥子园、南京老门东历史文化街区、浙江杭州香积寺等。

山东北海黄河故道公园飞虹桥

▶ 江苏省木结构建筑发展现状与趋势

  江苏是中国经济和文化大省，保留至今的传统木结构建筑类型多样，为江苏现代木结构发展奠定了良好的基础。江苏在传统、现代木结构方面的科学研究、标准编制、设计建造、加工安装等在全国都居于领先地位。

  江苏高校众多，许多高校系统开展了木结构研究。东南大学拥有建筑学等"双一流"学科，在传统木结构建筑研究领域积淀深厚，成果斐然，开展了大量木结构古建筑遗产保护和传统形制木结构建筑设计实践。

  南京工业大学在传统和现代木结构领域的研究成果丰富，聚焦于木结构建筑保护与设计等方向，从科学研究、标准编制、工程应用等方面进行了全面的探索实践，完成了众多有突破性的木结构建筑与桥梁工程。南京工业大学目前已设计建成国内层数最多的木结构办公楼、世界跨度最大的木结构人行桥等一批有影响力的现代木结构项目。

  南京林业大学拥有"双一流"学科林业工程，在木竹材料、园林景观等领域进行了深入探索，在木竹材料加工、材料改性、耐久性能提升等方面成果突出。

  近年来，江苏省内相关单位参与编制了一批木结构国家及地方标准，如南京工业大学主编的《木结构通用规范》《多高层木结构建筑技术标准》《木结构现场检测技术标准》《轻型木结构建筑技术规程》《重型木结构技术标准》等，同时也有南京林业大学主编的林业行业标准《轻型木结构建筑覆面板用定向刨花板》《结构用定向刨花板力学性能指标特征值的确定方法》等，为推动木结构建筑发展提供了技术支撑。

  东南大学、南京工业大学等和江苏省内设计院联合设计了一批现代和传统木结构建筑精品。如东南大学、南京工业大学设计团队在王建国院士牵头下设计了第十届江苏省园艺博览会博览园主展馆，项目荣获 2020 年度中国绿色建筑创新一等奖、全国建筑设计创作类金奖等；南京工业大学设计了 2011 年落成时是世界最大跨度单跨桁架拱桥的苏州胥虹桥、山东蓬莱鼎驰木业集团有限公司研发中心办公楼等。

  建筑设计企业也凭借雄厚的市场与优秀的设计能力，创作了一批有特色的木结构建筑，如南京市建筑设计研究院有限公司与南京工业大学合作设计的国内第一座全木结构体育馆——常州市淹城初级中学体育馆、南京长江都市建筑设计股份有限公司设计的南京江北新区人才公寓项目、中衡设计集团与南京工业大学合作设计的苏州第二工人文化宫游泳馆木结构屋盖等。

  江苏是中国最大的原木接收地，接收原木占我国进口原木量的 40%，还拥有苏州昆仑绿建木结构科技股份有限公司等一批具有先进制造加工技术的木结构企业。

  木结构建筑具有环保、固碳、可预制加工等特点，符合我国推广绿色建筑和装配式建筑的发展战略。随

江苏常州淹城初级中学体育馆

江苏苏州第二文化宫游泳馆

着木结构建筑向多高层、大跨方向发展，木结构建筑在节点、构件设计以及施工安装等方面将遇到新的机遇和挑战，这要求木结构建筑向更高性能的节点设计、更高程度的装配率、更快捷的装配效率方向发展。

目前，在国家"双碳"战略目标的指引下，江苏省正在积极推进现代木结构产品研发和木结构建筑集成技术应用，全省新建木结构建筑逐步增多，装配式木结构构件生产设计产能稳步增长。相信在以科学研究为基础、以工程应用为导向的目标引领下，江苏现代木结构建筑将迎来更大的发展。

大力发展现代木结构，符合可持续发展的基本国策、装配式建筑的发展战略以及人民群众对生态宜居的现实需求。现代木结构领域的发展趋势包括：

（1）培育优质速生林树种

我国自2016年起全面停止天然林商业性采伐，此后相当一段时间内木结构的发展基本依赖木材进口。从可持续发展的角度加大国产优质速生树种的培育力度，培育出适合我国地理气候特点、材质优、生长周期短、抗病虫、树干挺拔、适合建筑应用的优质结构树种；同时改天然林的"全面禁伐"为"有序采伐"，从而提高森林资源的利用率，确保森林资源的可持续发展。

（2）发展大跨与多层木结构建筑

现代木结构多高层建筑设计和建造技术已经很成熟，多高层木结构建筑将成为未来重要发展方向，而大跨木结构建筑结构形态优美，给人以强烈的视觉震撼，有利于结构装修一体化，降低建筑造价。因此，多高层与大跨木结构建筑具有广阔的应用前景。

（3）采用组合构件和混合结构

采取钢-木组合、木-混凝土组合以及FRP-木组合等方式，可以显著提高木构件的承载力，降低变形，减少蠕变，满足高层和大跨木结构建筑"高承载、低变形"的需要。多高层木结构建筑下部采用混凝土结构，有利于提高结构耐久性；多高层木-混凝土混合结构建筑采用混凝土结构作为主要抗侧构件，既有利于建筑防火，又能提供结构强大的抗侧力体系；木混合结构可充分结合木结构与混凝土结构或钢结构的优势，结构体系的性价比高，大大拓展了木结构的应用范围。

（4）创造绿色健康的生活环境

随着木结构标准体系的完善和设计加工工艺的不断提高，木结构建筑已经不再是传统意义上的木结构，而是结合了现代科技和设计理念的现代木结构建筑，既保留传统木结构建筑的优点，发扬其自身节能和生态环境保护属性，又克服其缺点，进一步提升品质与性能，注重建筑的功能和体验，创造更加舒适和健康的室内环境，提高居住者的生活质量。

第十一届江苏省园艺博览会丽笙酒店

莺脰湖内湖小茶室

◎ 结构体系

◎ 材料特点

◎ 连接技术

◎ 防火技术

◎ 防震技术

◎ 耐久性技术

◎ BIM 技术

02

现代木结构
通用技术

　　木结构的留存主要得益于合理的设计、选材、施工及长期的维护管理，以防止木材腐朽、虫蛀、老化及火灾等危害。对木结构进行得当的防护处理，可以延长木结构建筑的使用寿命，保证结构安全，增强房屋耐久性，相应起到节材的作用，对实现国家"双碳"战略目标具有积极的意义。

▶ 结构体系

现代木结构的结构体系丰富多样，大致可分为以下几类：井干式木结构、轻型木结构、木框架–剪力墙结构、木框架–支撑结构、CLT 剪力墙结构、木混合结构及大跨木结构。

一、井干式木结构

井干式木结构，俗称木刻楞，其墙体一般是采用原木、方木等实心木料，在纵横交汇处通过榫卯切口相互咬合、逐层累叠而成。这类房屋由于墙体是由厚实的木料组成，因此木材用量较大且木材利用率不高，但其保温、隔热性能相对较好。井干式木结构在国内外均有应用，一般在森林资源比较丰富的国家或地区比较常见，如我国东北地区。

井干式木结构

二、轻型木结构

轻型木结构是指主要由木构架墙体、楼板和屋盖系统构成的结构体系。这类房屋的特点在于轻质安全、保温节能、抗震性能好、建造速度快、建造成本低。在日本和北美、欧洲等发达国家和地区应用广泛，一般用于低层和多层住宅建筑和中小型办公建筑等。

轻型木结构

三、木框架–剪力墙结构

木框架–剪力墙结构指在木结构梁柱式框架中内嵌木剪力墙的结构体系。将木框架与木剪力墙进行组合使用，不仅改善了木框架的抗侧性能，而且比剪力墙结构有更好的性价比和灵活性。这种结构体系的受力特点和传力路径清晰明确，木框架主要用来承担竖向荷载，而框架中内嵌的木剪力墙主要用于抵抗水平荷载作用。

四、木框架–支撑结构

木框架–支撑结构是指在木结构框架中设置（耗能）支撑的一种结构体系，如挪威卑尔根市 14 层的木结构公寓楼，采用了木框架–支撑结构。在这种结构体系中，主体框架主要承担竖向荷载，斜向支撑主要用来抵抗水平荷载作用，必要时，斜向支撑可设计成耗能支撑，实现消能减震。

木框架–支撑结构

五、CLT 剪力墙结构

CLT 剪力墙结构是一种以正交胶合木（CLT）作为墙体和楼板的木结构体系。CLT 墙体同时承担竖向和水平向荷载作用。由于 CLT 板具有很高的强度和平面内刚度，且尺寸稳定性好，因此，CLT 木剪力墙结构具有承载力高、结构刚度大、保温节能、隔音及防火性能好等优点，但是木材用量较大，一般用于多高层木结构建筑，如挪威科技大学的学生公寓，地上 9 层，能容纳 632 名学生住宿，建成时是当时欧洲最大的 CLT 建筑。

CLT 剪力墙结构

六、核心筒–木框架结构

核心筒–木框架结构是以钢筋混凝土或 CLT 核心筒作为主要抗侧力构件，附加外围木结构梁柱的结构形式，主要应用于多高层木结构领域，如加拿大 UBC（不列颠哥伦比亚大学）的学生公寓 Brock Commons 等项目。这种结构体系的特点在于中间的筒体为主要抗侧力构件，周围的木框架结构主要承担竖向荷载，结构体系分工明确，但是需要核心筒和周围木框架之间协同工作。

核心筒–木框架结构（UBC 学生公寓项目）

七、大跨木结构

大跨木结构形式主要有网壳、拱、桁架、张弦及悬索结构等。大跨木结构主要应用于体育馆、机场等公共场馆建筑。大跨木结构的优点在于结构轻盈美观，能给人以强烈的视觉冲击。

大跨木结构

▶ 材料特点

　　木材按照树种可分为针叶材和阔叶材两大类，木结构中主要承重构件宜采用针叶材。木材顺纹抗拉强度是所有强度中最高的，约为顺纹抗压强度的 2 倍、横纹抗压强度的 12~40 倍顺纹抗剪强度的 10~16 倍。

　　结构用木材主要包括方木、原木、锯材和工程木。锯材主要包括板材和规格材，工程木主要包括层板胶合木、正交胶合木和旋切板胶合木等。

　　方木和原木主要用于传统的木结构民居，以及井干式木结构房屋建筑。规格材主要用于轻型木结构房屋。

　　现代木结构大量使用工程木取代传统的原木。工程木是将通过刨、削、切等机械加工制成的规格材、单板、单板条、刨片等木制构成单元，借助结构用胶黏剂的黏结作用，压制成具有一定形状、产品力学性能稳定的结构用木制材料。建筑上常用的工程木主要有：层板胶合木、旋切板胶合木、定向刨花板、正交胶合木、平行木片胶合木、木制工字梁等，工程木大量应用于多高层木结构和大跨木结构领域。

方木　　　　　　　　　　板材　　　　　　　　　　规格材

▶ 连接技术

　　现代木结构连接方式不同于传统木结构中的榫卯连接，其连接主要依靠连接件和紧固件来实现，以高强度、体积小的钢连接件替代木连接件，减少截面削弱。主要包括以下几种类型：销栓连接（简称销连接）、钉连接、螺钉连接、裂环与剪板连接、齿板连接、植筋连接等，其中前三类可统称为销连接，也是现代木结构中最常见的连接形式。

　　由于木材自身材料特性和木结构连接的特点，当前在进行木结构设计分析时，多数将节点视为铰接。当木结构连接设计中考虑节点的半刚性时，在整体结构分析中以节点的弯矩-转角关系为计算依据，弯矩-转角关系由试验或经试验验证的数值模拟确定。

传递剪力为主的螺栓节点　　　传递轴力为主的螺栓节点　　　复合受力节点

▶ 防火技术

　　木结构建筑的节能、环保、可持续等优点突出，但不足也显而易见。木结构防火一直是困扰中外木结构建筑发展的主要问题之一。

　　对于木结构建筑，国家标准《木结构通用规范》（GB 55005—2021）、《建筑防火通用规范》（GB 50037—2022）、《木结构设计标准》（GB 50005—2017）和《多高层木结构建筑技术标准》（GB/T 51226—2017）等对防火都做出了相应的规定。

　　现代木结构建筑体系主要分为轻型木结构体系和重型木结构体系。体系不同，木结构构件在进行防火设计时所采取的保护方法和手段也不同。

　　对于轻型木结构，可以采用石膏板、防火岩棉等隔火材料对木构件进行包覆防火处理，阻隔火焰侵入内部木材。

　　重型木构件本身具有一定的抗火能力。在燃烧过程中，木材在其表面形成一定厚度的炭化层。该炭化层能够有效延缓火焰侵入其内部并破坏木结构受力性能，为逃生赢得时间。

　　在重木构件外同样可以通过包覆石膏板等方式提高其耐火极限，达到规定的防火设计要求。

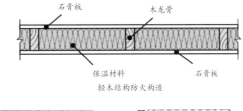

轻木结构防火构造

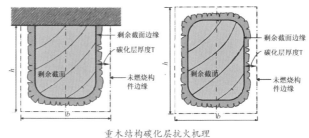

重木结构碳化层抗火机理

▶ 抗震技术

　　据统计，全世界平均每年发生 18 次造成严重破坏的大地震，这些地震均为构造地震，建筑结构抗震设计和研究主要针对此类构造地震。

　　在历次大地震中，木结构建筑表现出良好的抗震性能。这是因为：（1）木结构房屋自身质量相对较轻，因此在相同强度的地震作用下，结构受到的地震效应相对较小；（2）木结构房屋体系，尤其是轻型木结构体系，是由大量的金属连接件连接而成，结构的冗余度多，结构具有良好的变形和耗能能力。对于胶合木结构，由于构件少，跨度大，一般是静定结构，结构的冗余度较低，且节点达不到理想刚接，需要通过设置支撑或剪力墙提高胶合木梁柱节点的抗震性能。

　　木结构在抗震设计时应遵循现行的国家标准，主要包括《建筑抗震设计规范》（GB 50011—2010）、《建筑工程抗震设防分类标准》（GB 50223—2008）、《木结构设计标准》（GB 50005—2017）和《多高层木结构建筑技术标准》（GB/T 51226—2017）等。

　　当木结构建筑存在结构不规则时，应考虑结构扭转的不利影响，并对薄弱部位采取有效的抗震构造措施。

▶ 耐久性技术

通过对现代木结构耐久性状况的调查，木材腐朽、霉变、白蚁危害是影响木结构的最主要原因。

腐朽是最为严重的微生物降解，在全球范围内对木结构的耐久性影响最为广泛、严重，是木材防护的重中之重。控制木结构含水量是木结构防腐采取的最为经济有效的防护方法，其含水率往往控制在 6%~12% 之间。

霉变由真菌中的霉菌引起，主要污染木材表面，影响美观，对木材的力学强度影响很小。霉菌的生长喜好温暖潮湿的环境，90% 左右的相对湿度会促进霉菌的生长。为防止木结构霉变的发生，需采用相关防护措施防止木构件受潮。

我国南方的很多地区，白蚁危害非常严重。白蚁严重侵蚀时可完全破坏木材，影响结构安全，因此在有白蚁危害的地区，木结构的设计、建造必须要进行防白蚁处理。

如果木材耐久性不足，可以通过防腐处理以提高其耐腐、耐虫性能。木材的防腐处理分为常压和加压处理。常压处理包括木材表面防腐剂浸泡、涂刷、喷淋等；加压处理是通过真空等压力将防腐剂注入木材中，经加压防腐处理的木材被切割后需在其端部进行防腐剂补刷、用固体防腐剂（如用基于硼、铜的固体防腐剂）插入木材进行局部渗透处理等。当木构件长期暴露于室外环境，并与土壤、砖石、混凝土等直接接触时，所受到的腐朽、虫蛀等的危害最大，应该采用加压防腐处理方式，并在设计、施工、维护中采取特别的措施，确保木材的耐久性良好。

防腐处理木柱

同时，由于风雨和紫外线对木材耐久性的影响很大，防护室外木构件最为有效的方法往往是用屋檐、雨篷等来遮挡风雨、紫外线，从而有效提高木材及其表面涂层的耐久性、抗老化性。

带屋檐的木结构防护措施

▶ BIM 技术

BIM 技术在木结构建筑中得到了成功应用。现代木结构项目方案设计、建筑设计、结构设计均可以在 BIM 模型中进行，结构计算完成后直接生成构件加工图。从设计到施工均贯穿了 BIM 技术，极大地提高了设计和施工的自动化程度和安装的精度，完美还原了建筑的细节效果。在项目的结构设计、结构分析与优化、构件加工、数字化建造等领域应用 BIM 技术，通过将传统 BIM 软件及常规建模软件（Rhinoceros 等）、木结构拆分专业软件（Cadwork 等）、结构分析优化软件（Abaqus、Inspire、Midas 等）以及工厂加工机床接口软件有效结合，实现木结构建筑从设计到施工建造的全过程信息化，无缝对接各个环节。

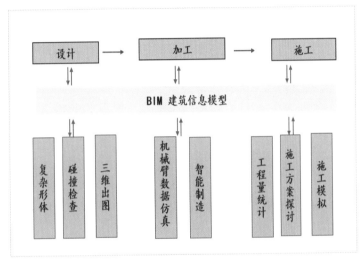

木结构 BIM 技术应用流程

在设计阶段，BIM 设计过程目前主要以 Autodesk Revit 和 Cadwork 两款软件为主要平台，架设起与其他软件间的桥梁，实现了一模多用、信息互传、实时联动的木结构 BIM 设计方法，相关软件的协同设计过程如下图。

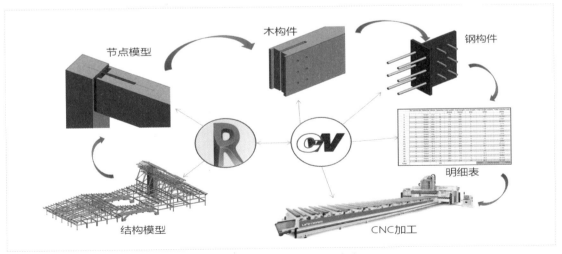

某木结构项目 BIM 技术运用示意图

03

展馆建筑

▶ 第十届江苏省园艺博览会扬州园博园主展馆

项目地点： 江苏省仪征市
建设单位： 扬州园博投资发展有限公司
设计单位： 东南大学建筑设计研究院有限公司
南京工业大学建筑设计研究院有限公司
施工单位： 苏州昆仑绿建木结构科技股份有限公司
生产单位： 苏州皇家整体住宅系统有限公司

一、项目概况

第十届江苏省园艺博览会主展馆选址扬州枣林湾，位于博览园入口展示区，是园区内主要的地标建筑和展览建筑。建筑作为 2018 年江苏省第十届园艺博览会主展馆，并继续作为 2021 年世界园艺博览会主展馆使用。主展馆建筑面积 4 750 m²，于 2018 年 9 月投入使用，采用木结构与混凝土的混合结构形式，集中展现了中国传统建筑与园林的营造精髓。项目荣获 2020 年度全国绿色建筑创新一等奖。

主展馆全景

二、建筑设计

1. "别开林壑"——营造巧妙的园林意境

借鉴《扬州东园图》的意境，形成了建筑的主要环境构思。对设计形体进行竖向处理，顺应地形设置了层层叠水庭院。建筑整体围绕水庭布置，内通外合，形成了"园中园"的布局。

主展馆鸟瞰全景

2. "随物赋形"——创意雄秀的建筑造型

主展馆设计吸收扬州园林建筑南雄北秀兼具的特色，并对大气的唐宋意象进行抽象表现，采用院落式组合方法，使建筑体量总体由东南高点逐渐向西北方向降落，形成徐徐下降的地平线。通过对传统"阁"的变型以及与"堂"的组合来营造高广的会展空间。高耸的凤凰阁与平缓的科技展厅对比，以垂直显其幽深，在连续的水平空间中形成垂直的竖向空间。

主展馆南立面

园林景观

3. "构筑一体"——架构韵律的结构形态

主展馆主体采用现代木结构,并用明晰的架构将出檐深远、铺作宏大的古代木构特征转译于建筑,减除了繁密的支柱,形成恢宏的空间。同时借助模数系统整理不同尺度用材,统筹大、小木作,规划设备空间,最大程度简化装修,展现结构的自然之美。

主展馆凤凰阁

三、结构设计

主展馆木结构采用包括顶部桁架的多跨刚架结构、交叉张弦胶合木结构以及拱结构等多种新颖的结构体系,各部分根据建筑功能及外形要求选择不同的结构体系,更好地体现了木结构优越的力学特性,以及宏伟大气的建筑外观。

凤凰阁部分单层层高近 26 m,落成时是国内单层层高最大的木结构会展建筑。结构整体受力类似于钢结构中带毗屋的多跨门式刚架体系,纵向通过设置柱间支撑来提挑结构的纵向水平抗侧能力。

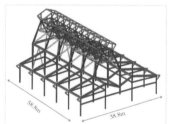

主展馆凤凰阁结构

交叉张弦木梁屋盖

凤凰阁连接构造

科技展厅部分根据功能要求采用木–混凝土混合结构体系，两者既有竖向混合，又有水平向混合，为国内木结构建筑首次采用。屋盖跨度近37.8 m、局部跨度约25 m的位置采用了交叉张弦木梁结构，该结构可最大程度地发挥木材的受压性能；同时，位于张弦梁受压区的胶合木采用交叉布置形式，可有效提高整体屋面侧向刚度，而无需另外设置侧向支撑杆件，使得整个屋盖的结构构件与建筑构件完美融合。

两座相互平行的拱桥是连接凤凰阁与科技展厅之间的交通枢纽，跨度29.4 m，宽8.4 m，采用下承式吊杆木拱体系。拱结构可有效发挥木材受压性能，提升结构性能，节约木材。

科技展厅交叉张弦梁体系　　　　　　　　　　　　拱桥结构体系

主展馆远景

四、创新点

（1）凤凰阁创新采用了带毗屋的多跨门式刚架体系，纵向通过设置柱间支撑来提供结构的纵向水平抗侧能力，落成时是国内层高最大的木结构单层楼阁。

（2）科技展厅屋盖部分采用了交叉张弦木梁结构，可有效提高整体屋面侧向刚度，无需另外设置侧向支撑杆件，能够充分展示结构形态之美。该结构在国内木结构展馆建筑中首次采用。

（3）项目应用胶合木框架结构、张弦交叉木梁结构、桁架顶接异形刚架结构以及下承式吊杆木拱结构等多种结构形式。在新型结构体系、梁柱节点以及节点增强技术等方面均有较好的示范。

▶ 江苏省绿色建筑博览园主展馆

项目地点： 江苏省常州市武进区
建设单位： 江苏武进绿锦建设有限公司
设计单位： 江苏营特工程咨询设计管理有限公司
南京工业大学建筑设计研究院有限公司
施工单位： 常州南夏墅建设有限公司
苏州汉威木结构工程有限公司
生产单位： 中意森科木结构有限公司

一、项目概况

项目是国内首座具有展示和办公功能、集成多种绿色建筑技术的木结构建筑。项目建筑面积 2 161 m²，北侧展示厅为一层（局部两层），南侧办公楼为三层，中间以中庭相连，功能布局合理，交通流线简单明了。项目采用木结构作为承重和围护体系，轻、重木结构承重体系与仿生树形支撑结构体系的综合运用不仅体现出结构形态美，更展示了木结构承重体系的多样化适用性。项目采用中庭绿化、屋顶绿植、太阳能光伏发电等多种绿色建筑技术，达到二星级绿色建筑标准。项目设计与制造阶段采用 BIM 技术，实现了设计与建造一体化融合。项目应用装配化技术，木结构框架梁、柱均采用工厂生产、现场装配的方式，提高了施工效率，减少了施工污染，实现了绿色施工。项目荣获 2017 年度江苏省装配式建筑创新一等奖。

绿植屋顶

二、建筑设计

项目建筑功能主要分为三个区域，因此在进行形体设计时，采用南、北、中三个体块穿插的方式，南北体块采用坡屋顶，中部采用平屋面，造型简洁而富有变化。北侧展厅东、西立面将胶合木梁、柱与斜撑等结构构件外露，结合大面木挂板，体现了简洁的线面组合效果。北入口立面采用大片落地玻璃窗，充分考虑了展厅日照需求。南侧办公区域立面门窗设置整齐且富有韵律，屋顶采用胶合木三角形屋架形式，既有利于组织排水，又丰富了立面造型。东侧大平台采用仿生树形柱支撑结构，结构形态优美。

南侧办公楼

北侧展示厅

东侧带树形柱平台

三、结构设计

1. 木框架–剪力墙结构体系

项目南部办公区域采用胶合木框架–剪力墙结构体系。该体系兼有框架体系空间布置灵活的优势，又具备剪力墙体系良好的抗侧性能，适用于各种大、小空间组合的公共建筑。

胶合木框架–剪力墙结构体系

2. 仿生树形支撑结构体系

项目采用的树形支撑体系具有优美的仿生造型，由树形多点支撑代替传统柱的单点支撑，实现力从上到下、从分散到集中的汇聚过程，做到了力与形的完美结合。

树形支撑柱

3. 节点设计

项目木构件连接均采用钢连接件，其中树形柱胶合木柱脚采用新型专利技术——装配式植筋连接节点，双拼柱柱脚采用钢填板螺栓连接，减少了安装误差，降低了安装难度。预制墙板现场与主体胶合木梁、柱采用螺栓、木螺钉等形式连接，安装简便，利于施工。

a）双拼柱柱脚连接节点　　b）双柱夹梁连接节点

主要连接节点大样及实景

四、创新点

（1）项目主要胶合木柱脚节点、梁柱节点、木桁架与胶合木梁节点均采用标准化设计。胶合木梁端开槽打孔形式仅与梁高有关，且所有柱脚采用基本铁件单元相互组合，形成不同的节点连接，大大减少了节点形式。

（2）项目集成了内置百叶中空玻璃、温控变色遮阳玻璃、铝合金卷帘一体化等多种遮阳围护系统技术。温控变色遮阳玻璃使门窗和外遮阳系统一体化，不仅不影响建筑物外立面，同时使建筑物外立面更易维修、清洁，使用寿命更长、节能效果更佳。

标准木构件装配施工现场

（3）项目采用屋面模块化覆绿系统、中庭绿化、垂直绿化、室内绿化等多种生态绿化植物配置技术，这些技术具有改善室内气温、形成生物气候缓冲带、净化空气、降低噪声、延长建筑物寿命、减缓风速和调节风向等作用。其中，北侧展示厅屋顶采用以佛甲草为主的草坪式绿化，该绿化方式在国内木结构建筑中属首次应用。

外立面木挂板

标准化树形柱

内墙木饰板

▶ 第九届江苏省园艺博览会现代木结构企业馆

项目地点：江苏省苏州市吴中区
建设单位：苏州太湖园博实业发展有限公司
设计单位：上海创盟国际建筑设计有限公司
　　　　　　苏州拓普建筑设计有限公司
施工单位：苏州昆仑绿建木结构科技股份有限公司
生产单位：苏州昆仑绿建木结构科技股份有限公司

一、项目概况

　　第九届江苏省园艺博览会现代木结构企业馆主展馆建筑面积 1 987 m^2，一层为大空间钢结构，层高 4.95 m，二层为异形木结构网壳，最大层高 9.55 m，建筑最大高度 14.95 m，最长边长 45 m。项目荣获 2017 年江苏省建筑产业现代化示范工程和 2018 年加拿大国际最佳木结构设计奖（International Wood Design Awards）。

项目鸟瞰

主展馆

二、建筑设计

项目以"乌篷船"为原型,建筑形态由此抽象而来。建筑单元由四片形态优雅的曲面拼合而成,形成优美的空间形态的同时也通过框景作用定义了人与自然的关系。

项目为木结构空间网架体系木构建筑,以结构优化作为设计出发点。一方面,木网架以较少的结构用料实现了较大的空间跨度,在很好地承载建筑功能的同时体现了节约用材的绿色理念,与园博会的主旨相符;另一方面,木网架本身所形成的结构形态与空间感受,使得建筑本身成为体现现代木结构文化的重要媒介之一。网壳体系与自然地形交相呼应,形成了由地景到建筑的连续景观,使建筑完美地融入自然。

屋面中部设计呈内凹式喇叭状结构,具有结构支撑、屋面采光、雨水收集等功能。屋面材料采用异形穿孔铝板,板与板之间形成下凹贯通水槽,实现有组织排水系统,将雨水导入边缘内天沟。绿色建筑设计以被动式技术为主、主动式技术为辅,节省初期投资,降低建筑运营期间能耗。建筑通过形态设计实现室内拔风效应,加强自然通风。顶部设置天窗加强自然采光,同时采用了外遮阳等被动式技术措施。

三、结构设计

屋面采用大跨木结构异形曲面网壳体系,通过空间优化软件设计出结构受力合理、材料节约的网壳形态,实现建筑形式与结构性能的统一。项目主体结构采用钢、木建造而成,屋面采用OSB(定向刨花板)、冲孔铝板。所用建筑材料具有可再生、绿色环保的特点。

主展馆基础为独立基础,设地下室,一层楼板采用钢结构组合楼板,钢梁双面间距均为 3 m。屋面为胶合木曲面网壳,采用花旗松制作,强度等级为TCT21,边拱采用直径 500 mm(壁厚20 mm)的曲线钢管。

结构采用 ANSYS GSA 软件进行整体分析,计算结构在永久荷载、可变荷载以及地震作用下的强度、变形及稳定性能,并采用 Midas Gen 软件进行复核。曲面网壳屋面共有 202 根胶合木梁,截面为 250 mm × (450~550) mm。

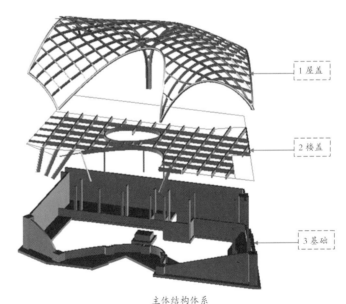

1 屋盖

2 楼盖

3 基础

主体结构体系

节点连接是网壳结构设计的关键环节之一，纯粹的铰接节点和刚接节点对于结构计算存在着或多或少的误差。实际工程中的节点具有一定的抗弯能力，对网壳结构稳定性的提升具有重要作用。为了验算整体结构的稳定性，建立精确的结构计算模型，需要考虑连接节点的半刚性。故在设计时，屋盖构件节点采用铰接连接和半刚性连接两种节点连接形式。

为了验证节点的半刚性，项目做了节点刚度实验。通过十字节点试验得出弯矩 – 转角曲线，以得到节点实际转动刚度，并通过有限元对节点进行拟合，借鉴欧标 Euro 5 半刚性连接刚度的理论方法，进一步验证网壳结构节点刚度的可靠性。铰接节点采用钢插板、螺栓及销钉连接，半刚性节点采用木结构植筋技术连接。

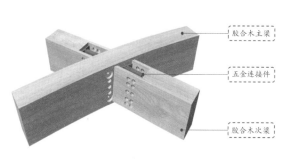

胶合木主梁
五金连接件
胶合木次梁

曲面网壳屋盖节点

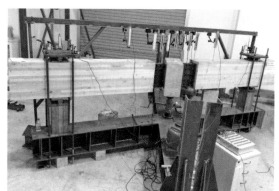

节点刚度试验照片

四、创新点

项目采用大跨木结构空间曲面网壳体系，材料、建筑、环境与园艺博览园的主题融为一体、交相辉映，达到人与自然环境、建筑艺术的完美统一。

1. 参数化设计

为了实现建筑师"渔网，乌篷船，村落"的建筑理念，在方案设计阶段采用参数化设计软件，从曲面中抽象出建筑形体，并采用空间结构计算软件生成结构受力最合理、材料使用最节省的网壳形态，实现了建筑形式与结构性能的高度统一。

2. BIM 技术全过程综合运用

方案设计、建筑设计、结构设计均在 BIM 模型中进行，结构计算完成后直接生成构件加工图。设计阶段、施工阶段综合运用 BIM 技术，极大地提高了设计和施工的自动化程度以及安装精度，完美还原了建筑的细节效果。

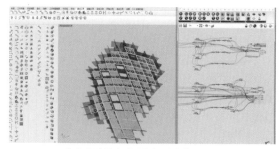

参数化设计在屋面铝板设计中的应用

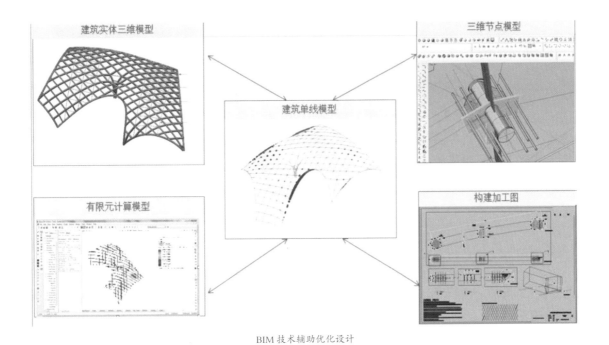

BIM 技术辅助优化设计

主展馆二层室内

▶ 第十三届中国国际园林博览会徐州园博园综合馆暨自然馆

项目地点： 江苏省徐州市铜山区
建设单位： 徐州新盛园博园建设发展有限公司
设计单位： 东南大学建筑设计研究院有限公司
南京工业大学建筑设计研究院有限公司
施工单位： 中建科技集团有限公司
苏州昆仑绿建木结构科技股份有限公司
生产单位： 苏州昆仑绿建木结构科技股份有限公司

一、项目概况

项目位于徐州市铜山区吕梁区域、悬水湖以东，地处黄河故道风情景观带。综合馆暨自然馆位于博览园东侧，东倚山体、西望各城市展园。总建筑面积 20 978 m²，地上三层，建筑高度 19.85 m。建筑设计以宛若天开为意向，以徐州汉代的楼台琼阁为形象，将场地地形与历史意向紧密结合，形成望山、补山、融山、藏山之势。

由于场地环境复杂，建筑需要充分弥补因开采而导致山体破坏的自然环境，并取得和自然新的平衡，从而为整个园博园区域增色。设计通过与自然和谐共生的方式，使建筑充分呼应地形并体现地形之势；在剖面上通过巧妙设置阶梯式的空间，让参观者可以从外到内，从下至上不断感受自然的延续。

设计借鉴徐州汉文化中楼台琼阁的意象，以钢木楼阁的方式设置主展厅，从而与基座空间形成对比，将光线和自然景观引入建筑内部，形成了天庭望山的效果。同时，设计借鉴汉文化中的范围意象，提出依据环境而设计的补山成房、修宕成台的理念，以台地景观连接不同宕口和场地中的不同标高，顺山而下，修补地形。建筑和景观依山势向西层层跌落，为人们提供了综合馆面向园博园主展区的眺望视野。

外侧实景

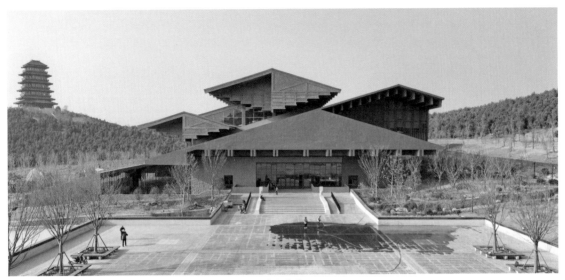

南侧实景

二、建筑设计

设计方案强调与周边自然山形的呼应关系，通过建筑形体的组织，达到望山、补山、融山、藏山的效果，以建筑重构场地，以山势烘托建筑，建筑与场地相互依存，互为背景。

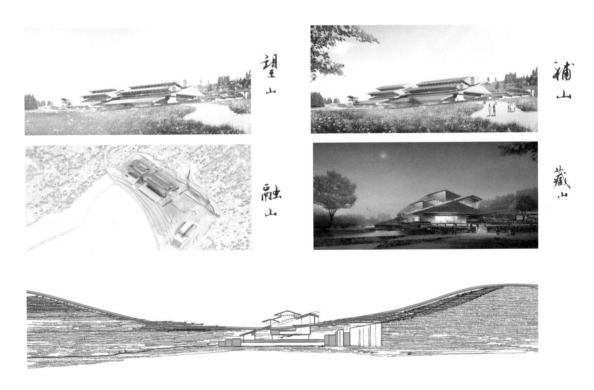

望山　补山　融山　藏山

建筑与地形关系分析

对传统建筑的亭、台、楼、阁等原型进行转译，呈现现代的建筑造型和空间，使得建筑成为地形与历史意象的载体。

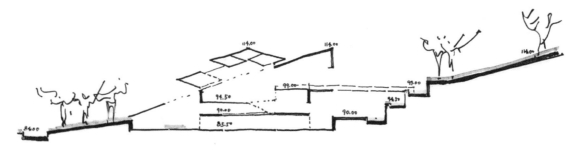

建筑设计构思手绘草图

主体建筑地上三层、地下一层。地上部分分为南、北两个主要展区，南侧展区设置门厅、展厅等功能区，北侧展区设置办公、储藏、展厅等功能区，南北展区通过中间的休息厅相连。不同功能分层、分区设置，清晰明确，不同功能区的空间特征鲜明。

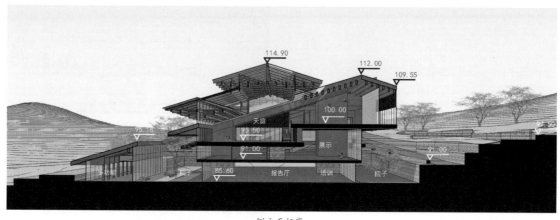

侧立面标高

建筑造型设计充分考虑徐州汉文化特征，通过多层坡屋顶与木构架组合的方式，将建筑置于山坡之上，既能与山形地势互为呼应，相互衬托，也能呈现出传统与现代相互结合的造型空间，充分体现徐州的历史厚重感与时代创新性。

天庭展厅内景

钢木构架屋面内景

三、结构设计

1.结构体系选择

为满足大跨屋盖建筑结构设计要求，通过优化采用钢木混合结构体系方案，充分发挥两种材料的性能优势，该方案将结构受力体系分为三个层级。

（1）第一层级采用四榀纵向主桁架的钢桁架结构，主体框架及柱脚处均将木构外包于钢结构外部，作为安全储备，提升结构性能。

（2）第二层级为横向侧挑屋架结构，采用钢木混合体系，其中总体以钢结构为主，在飞檐外挑处，以及下部斗栱处以木结构为主；木结构部分承担局部竖向荷载，并减小屋面纵向次梁跨度。除纯木构件外，钢构件侧面均布置胶合木夹板，一方面能够满足建筑外观需求，另一方面对提高钢结构部分整体刚度以及防火性能有一定帮助。

（3）第三层级为结构整体稳定体系，体现为不连续的三角形桁架之间的横向拉结、横向桁架与支撑混凝土之间的拉结，以及横向桁架沿纵向的稳定拉结等，以木构为主，钢构为辅，通过充分发挥钢木的性能优势，形成互补关系。

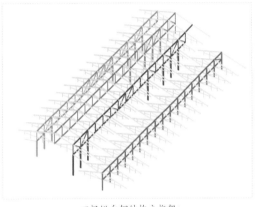

四榀纵向钢结构主桁架

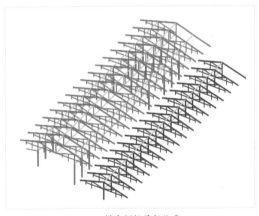

横向侧挑屋架体系

2. 钢木节点性能分析

通过数值模拟，对比了纯钢节点模型和钢木组合节点模型的性能差异，以评价钢木组合构件中木构件的作用。分析结果表明，钢木组合柱脚相比纯钢柱脚，钢材应力降低约39%。同时，钢木组合构件的侧向刚度提升了约52%。可见，在钢结构外覆木构件的情况下，木构件可以有效限制中部钢构件的屈曲变形，从而提高节点的承载能力和侧向刚度。钢木组合节点、钢木组合构件在工程中具有较好的应用潜力，可以广泛应用于不同类型的建筑项目中，以提高结构的性能。

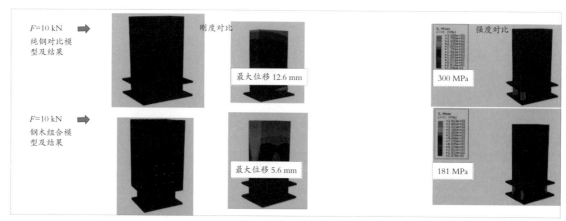

钢木组合节点强度与刚度对比数值分析

四、创新点

（1）采用钢木混合结构对汉文化中传统的亭、台、楼、阁等原型进行现代视角的转译，外融合于周边自然景观之中，内构建出开阔错落的建筑空间。

（2）钢木混合结构体系在园林展览类建筑中的成功应用，以钢结构为主要承重骨架，木结构为次级结构和装饰构件，充分发挥了钢木结构各自的优势，主体构件轻巧美观，又不失木材的质感和外观效果。

东南侧鸟瞰实景

木结构建筑 案例集

04

文旅建筑

▶ 溧阳鸣桐茶社

项目地点：江苏省常州市溧阳市
建设单位：徐州新盛园博园建设发展有限公司
设计单位：南京工业大学建筑设计研究院有限公司
施工单位：江苏溧阳建设集团有限公司
生产单位：南通佳筑建筑科技有限公司

一、项目概况

　　项目位于溧阳市戴埠镇鸣桐里村西南、杨黄线道路北侧的原厂房用地，因靠近鸣桐里村而被命名"鸣桐茶舍"。茶舍基地具有较好的区位条件与交通条件，杨黄线为连接溧阳市南山竹海景区与天目湖景区的一条主要道路。项目荣获 2019 年度江苏省装配式建筑创新一等奖。

二、建筑设计

　　项目当地盛产青桐、嘉庆子树，青桐不仅树形高大、优美，而且是制作古琴的良材。"吴人有烧桐以爨者，邕闻火烈之声。知其良木，因请而裁为琴，果有美音。"溧阳恰是焦尾琴的故乡。在项目整体设计中，利用青桐高大挺拔的树形与建筑物形成垂直与水平的对比，将青桐作为重要景观要素安插在总体布局中。

　　建筑单体的设计取自宋画中传统建筑群的意向。建筑物连同廊道、院墙形成水平向的元素，高大的乔木穿插其间；建筑群由相对独立的单体建筑组成，各单体挑檐深远、反宇向阳，屋顶轮廓线前后叠加，形成与山势相呼应的对话关系。

项目总平面

　　项目包括三个单体建筑，分别是：1# 楼满足餐饮等多功能需求；2# 楼用于接待、文化展示、品茶；3# 楼用于客房住宿。根据各个功能的不同特点与要求，以动静分区的原则组织总平面设计。将 1#、2# 楼布置在靠近杨黄线的地方，3# 楼设置在地块深处。各建筑单体呈统一网格体系，并在彼此之间（半）围合成庭院，通过水系、院墙等手法实现各庭院之间的分合。在总图布置上，结合青桐树的选位，使青桐元素成为重要的装饰元素。

项目鸟瞰实景

茶社外景

茶社内景

三、结构设计

项目 1# 楼、2# 楼、3# 楼均采用木框架剪力墙结构体系，其中木框架采用胶合木材料，剪力墙采用木质覆板剪力墙（内部采用木龙骨，表面为木基结构板材），建筑设计工作年限为 50 年。建筑主要承重结构构件（梁、柱）均采用预制胶合木构件，1# 楼纵向 8 跨、横向 3 跨，2# 楼纵向 4 跨、横向 4 跨，3# 楼纵向 7 跨、横向 4 跨；斜屋面结构采用主次胶合木梁，曲梁找坡；屋面采用木搁栅，主要外围护结构考虑防火要求采用轻钢龙骨墙体；梁柱和柱脚连接采用隐式的钢填板螺栓节点。

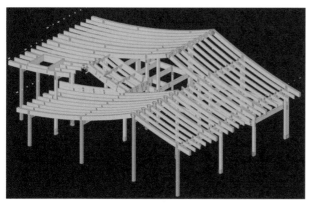

斜屋盖主次胶合木梁

四、创新点

1. 体现地域文化特色

项目当地盛产青桐、嘉庆子。青桐不仅树形高大、优美，且与中国古代文化具有紧密的联系，是制作古琴的良材，而溧阳又是焦尾琴的故乡。设计以当地盛产的青桐为重点显示元素，着重体现茶舍特有的文化性。同时在设计中以宋画中的建筑群体、景观造园为摹本，体现中国悠久的历史文化传统。

2. 建筑景观一体化设计

秉承建筑景观同步设计的原则，将青桐、嘉庆子元素纳入建筑设计语言中。同时结合宋画，将水景、庭院景观融入建筑环境中，形成建筑与自然相互映衬的景致。基于既有环境条件，还将远山、近景（基地外的池塘、果园）等纳入视线或游览范围，使建筑与自然之间的关系更为紧密。

3. 突出结构美学特征

木结构在美学特征上具有多重优点，适合于本项目：它既是结构，又是细部装饰，降低了二次装修的费用与时间；完美契合田园风光与自然环境，其温润的外观效果符合旅游建筑风韵，使平日忙碌于钢筋混凝土森林的人们能够在此找到一处心灵休憩的港湾。

4. 节能与绿色融合

项目契合可持续发展理念，在设计中综合应用了太阳能、遮阳、水景庭院改善局部小气候等绿色建筑技术。

茶社景观一体化设计

▶ 第十一届江苏省园艺博览会丽笙酒店

项目地点： 江苏省南京市江宁区
建设单位： 江苏园博园建设开发有限公司
设计单位： 上海创盟国际建筑设计有限公司
　　　　　　南京长江都市建筑设计股份有限公司
　　　　　　中国建筑第八工程局有限公司
施工单位： 苏州昆仑绿建木结构科技股份有限公司
生产单位： 苏州皇家整体住宅系统有限公司

一、项目概况

　　项目北楼地上三层，南楼地上四层，主要结构类型为钢框架–木屋盖，木屋盖面积 1.3 万 m²。根据现有地形地势设计，总体北低、南高，局部设有一层地下室。总建筑面积 34 964 m²，其中北楼高 19 m，建筑面积 20 669m²；南楼高 15 m，建筑面积 14 295 m²。项目荣获 2020 年江苏省安装行业 BIM 技术创新大赛二等奖、2020 年江苏省勘察设计行业建筑信息模型（BIM）应用大赛二等奖。

　　项目为第十一届江苏省园艺博览会配套酒店，拥有国内最大的胶合木屋面。屋面使用的胶合木数量多（共使用木椽条约 3 000 根，且大部分为弧形胶合木）、截面宽（木椽条截面约为 600 mm×130 mm）、尺寸长（单根梁最长 23 m、连接梁最长 40 m）、悬挑大（最远处达 14 m），每一根木条的走向均独一无二，施工难度极大。

项目北侧入口

园博园东侧酒店实景

二、建筑设计

作为第十一届江苏省园艺博览会重要的永久性建筑之一，周边环境资源极佳，西侧为 13 个城市展园的特色古典园林景观，南侧为水域。需打造一处极具标志性、辨识度、话题性的建筑，为博览园游客提供整体的江南特色园林建筑风采展示。

丽笙酒店的构思来对 Sol LeWitt 和谭平两位艺术家作品的解读，营造"大圆若缺、深藏若虚"的建筑与环境关系概念，"盘匐层叠与取景消隐"的双层诉求，力图用最长的延展面对向展园，使平远的建筑体量消隐在城市展园的景观建筑之中。建筑体量伏地延绵，尽可能贴近场地地形，将 GIS 地理信息的科学分析融入建筑体量的形式，在地性的理念与计算性建筑几何塑造有机对话，从矛盾到统一，让生活重归山林，探索栖居与自然的新平衡。建筑空间几何构思具有清晰的自主建构逻辑，高性能超物空间体现在数字建构的全新营造范式当中。

设计构思

总平面布局北侧为公共区域，南侧为客房区域。总用地面积 24 568 m²，场地南北高差相差 13 m，顺应场地标高进行设计，合理利用基地高差，尊重周边山体及自然环境，协调与自然山体及城市展园的关系。

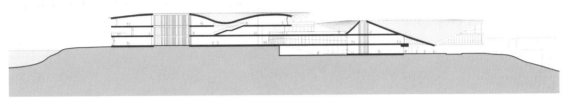

设计构思

设计效果

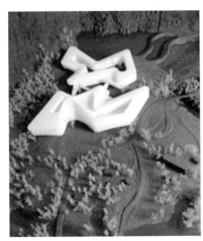

设计模型

建成效果

酒店周边环境

三、结构设计

项目分南楼北楼两个单体，北楼地上三层，南楼地上四层，结构类型为钢框架–木屋盖。木屋盖面积1.3万 m²，主要由固定在钢框架上的密集木檩条组成。木檩条截面约130 mm×600 mm，材质为花旗松。木檩条悬挑跨度较大，普通檩条悬挑跨度约2.1 m，最大悬挑跨度13 m。

钢拉索与安装前的索夹

北楼单体入口处设有41 m跨度的无柱雨篷，采用专业曲面找形软件对雨篷拉索结构进行几何找形，并将雨篷离散为靠近檐口区域的悬索和搁置在悬索上的并列椽子。此方法既维持了几何建构逻辑、提高了力学效率，也实现了轻薄的视觉感受。木檩条采用专门设计的滚轴索夹固定，檩条间通过钢撑杆固定顶紧。

大跨度屋面建成效果

南北楼开花柱造型独特，采用钢–木组合结构形成单层网壳，截面形状随着高度不断变化。经多轮研讨，采用水平切分的方式对开花柱木壳进行降维解析，在高度上每 50 mm 进行分割，将开花柱分成一块块异形构件，并在工厂预拼装成一根完整的柱子。

 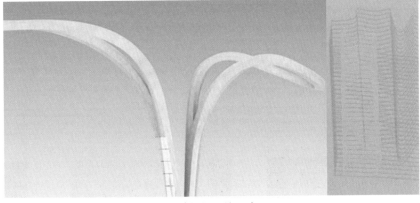

开花柱建成实景　　　　　　　　　　　　　　开花柱分层剖切示意

四、创新点

项目综合运用智能设计、智能制造、装配式施工等技术，实现了建筑美学、工期、造价的平衡。

1. 新型结构体系

将钢绞线和钢结构、胶合木有机结合，形成大跨度预应力索–木结构。通过对索的预应力张拉有效地降低构件弯矩，解决了大跨度钢构件的刚度问题，充分利用了钢材的材料强度，很好地处理了大跨度空间与结构经济性的矛盾。与常规木结构相比，预应力索–木结构可提升 10%~20% 的经济效益，且减少了大量柱网，为建筑物将来的功能变化提供了可能性。

屋盖弧形胶合木

2. 智能设计与智能制造

由于屋面 3 000 根曲线木条的走向都不一样，如采用人工方式进行加工、拼装，会产生较大误差，所以项目实施中，首先利用 BIM 技术对木构件进行电脑预拼装，参数化编程生成加工程序，确保构件精确度，然后在智能制造工厂，由智能机器人再根据指令对木料进行切割、打孔等操作，生产出与模型一致的预制木构件，使得大尺度木结构加工过程耗时缩短近 60%。

双曲屋面给安装带来挑战

3. 施工工法创新

施工应用了新工艺、新技术，节约工期25%以上，总结形成的企业级工法《大跨度预应力索–胶合木结构施工工法》（KLLJGF2021–01）获批2021年度江苏省工程建设省级施工工法。

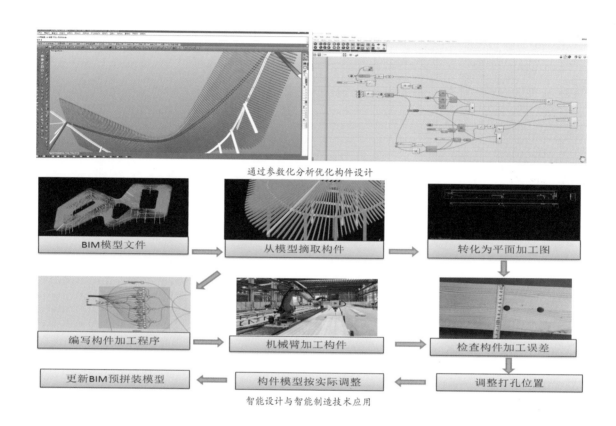

通过参数化分析优化构件设计

智能设计与智能制造技术应用

▶ 嘉盛中心咖啡馆

项目地点：江苏省苏州市吴中区
建设单位：苏州嘉盛数字科技有限公司
设计单位：中衡设计集团股份有限公司
施工单位：苏州嘉盛建设工程有限公司
生产单位：苏州昆仑绿建木结构科技股份有限公司
　　　　　　中亿丰建设集团股份有限公司

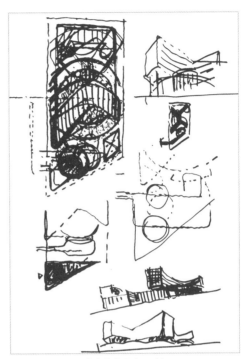

设计草图（冯正功）

一、项目概况

　　项目为嘉盛集团企业总部，是一座"装配式建筑博物馆"。建筑功能复合，集办公、会议、展览、餐饮为一体，嘉盛中心咖啡馆为其配套设施之一。

　　项目位于东太湖西北侧，景观条件良好。咖啡馆布置于项目场地南侧近水面处，通过装配式的大跨度伞形钢木组合结构，将建筑、结构和内装一体化设计，以获得东太湖的全景视野。

鸟瞰效果图

二、建筑设计

咖啡馆建筑平面为正圆形，直径约 33 m，这对全木结构来说，具有一定的挑战性。

建筑结构面对的技术挑战中，跨度是永恒的主题。桁架是欧洲传统木结构建筑应对跨度最常用的结构形式，对其结构构成、几何关系、节点性能等的探索孕育了现代结构工程学。而我国传统木结构中较为成熟的大跨度结构技术是编木拱，其结构强度能够支撑起 30~40 m 的大型桥梁，《清明上河图》中的虹桥就是著名案例之一。因此，项目设计之初，方案构思拟采用以编木拱为基础的互承式木结构——通过构件相互支承、搭接，形成一种没有明显层级关系的结构，以延续传统、融合现代。

3D 打印模型

然而，可惜的是，因节点刚度有限导致结构整体稳定性未达到规范要求，以及设计时间的限制，在本次项目中纯粹的互承式结构在方案深化过程中未能落地，改为了基于张拉整体的装配式钢木组合结构，以预制木结构柱组合成伞形结构体，结合大玻璃幕墙，形成室内外连续通透的空间。

单面出挑的预制木结构柱组合成形状如伞的主体结构"树"，这种结构将支承集中于中央，使所覆盖的空间不需设置立柱，而外墙成为全景的玻璃幕墙。"大树"以 32 根"树干"为支撑结构柱，"树枝"为悬挑臂，"树根"为基座，形成中央低、四周高的室内空间。相应地，平面布局和内装结合的独特空间效果设计使得位于平面中央的"大树"成为室内公共空间的视觉焦点。

室内效果图

三、结构设计

咖啡馆地上两层，高度 10 m，分为内结构与外结构两部分。咖啡馆采用内外结构系统相互独立的结构工程解决方案，外结构系统为基于张拉整体的钢木组合结构，内结构系统为钢框架结构。

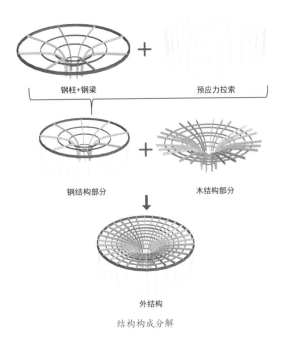

结构构成分解

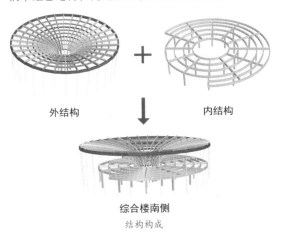

综合楼南侧

结构构成

外结构平面投影呈圆形，直径约 33 m，立面形态为喇叭形，无法采用常规结构软件建模。项目设计通过 Rhino 软件对建筑模型进行结构初步找形，并利用参数化编程调整构件布置。

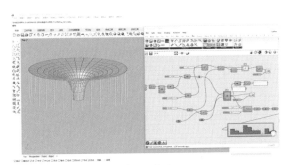

参数化建模

现场过程照片远景

外结构由弧形钢柱、弧形木柱与水平环向钢梁、木梁形成结构骨架，外围 32 根纤细的碳纤维索为结

结构模型

现场过程照片近景

构系统提供侧向刚度，提升结构整体稳定性及受力性能。结构在重力场、风荷载、多遇地震及罕遇地震下，索始终处于张拉工作状态，屋面采用轻质构造做法。

施工模拟分析技术要求如下：

（1）钢构与木构基本同步安装，木构为钢构提供面内支撑；

（2）卸载临时支撑系统，分级张拉碳纤维索至 60 kN；

（3）铺设木搁栅等建筑构造层。

四、创新点

1. 基于张拉整体的装配式钢木组合结构

咖啡馆为拉近建筑空间与人的感知距离，给使用者更加生态、舒适的体验，最初材料选择意向为纯木结构的元素，但基于纯木结构整体刚度较低的考虑，最终设计确定了钢木组合的结构方案。咖啡馆立面造型为喇叭形，上口大、下口小，结构存在抗扭刚度不足的问题。为提升结构整体稳定性，结构外围布置了 32 根碳纤维索，形成了基于张拉整体的装配式钢木组合结构。

2. 建筑、结构、装饰一体化设计

考虑建设单位为装配式建筑施工企业，项目旨在打造一座装配式建筑博物馆，所以尽可能采用装配式技术，咖啡馆采用建筑、结构、装饰一体化设计，减少了二次装饰设计，结构完成所见即所得，结构骨架裸露于外，结构下部不再进行二次装饰，实现建筑、结构、装饰一体化的效果。

▶ 莺脰湖内湖小茶室

项目地点：江苏省苏州市吴江区
建设单位：莺脰湖公园管理处
设计单位：中衡设计集团股份有限公司
施工单位：吴江市中泰建筑工程有限公司
生产单位：苏州菲特威尔木结构房屋有限公司

一、项目概况

项目位于苏州市吴江区平望镇，由茶室、临湖景亭、门厅构成，其中茶室为单层建筑，坡形屋面投影面积约 1 000 m²，屋脊高度 6.5 m，檐口高度 5.05 m。

建筑鸟瞰

建筑实景

二、建筑设计

项目致力于在现代建筑的设计中凸显传统建筑特征和中国茶道之古意。

茶室是一种颇具中国特色的建筑类型。文徵明《惠山茶会图》较为纪实地描绘了文徵明与好友至无锡惠山品茗赋诗的场景，在一片松林中有座茅亭泉井，"七人者环亭坐，识水品之高，仰古人之趣，各陶陶然不

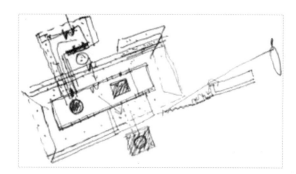

主持建筑草图与实景航拍

建筑细节实景

能去矣"，反映了明代后期文士茶道崇尚自然清新而又不失古风。而现代，冯纪忠先生设计的上海松江方塔园何陋轩，取意歇山顶，竹构茅草顶，与古为新。

设计概念正是从《惠山茶会图》切入，思考茶室这种建筑类型最初的原型。茶室建筑本身是使用者观赏风景的容器，但又要自成一方风景。正如《惠山茶会图》所描绘的那样，莺脰湖内湖小茶室就像个巨大的亭子，虽空无一物，但可纳四面景色。

在建筑与环境关系上，细柱既是柱也是树。大屋顶下 40 根胶合木柱密柱成林，整个建筑体量消隐在"密林"之中，与茶会活动相映衬，营造出情景交融的诗意境界。在空间的渗透与层次上，设计师在入口空间和湖边平台两处特意设置的观景窗口植入了一方一圆两个小庭院作为对景，在游人、湖景之间增强了景的层次感和深远感，也化解了有限用地与无限风景之间的矛盾。

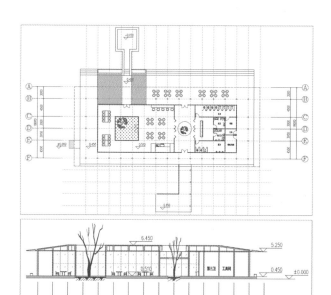
建筑平面、剖面

三、结构设计

为了实现更多木质元素的效果，以在现代建筑的设计中凸显茶室这一中国传统建筑的特征，结构构成采用钢–木组合。

小茶室的竖向构件仅内围 10 根钢柱担当侧力柱，外围 40 根工程木柱担当重力柱，屋面构件均采用工程木。木梁与钢柱连接转动刚度有限，钢柱顶部塑性发展相对比较艰难，钢柱底部将是潜在的塑性耗能区，结构类型可划归为倒摆式或柱系统结构。

木构承载力设计考虑非火灾与火灾两种极限状态，计算分析结果表明满足现行规范。

根据《胶合木结构技术规范》（GB/T 50708—2012），胶合木构件按非火灾与火灾两种承载力极限状态分别计算设计。胶合木强度设计值与弹性模量根据使用条件、使用年限、体积、截面高度等因素进行调整。除此之外，火灾状态下材料抗弯、抗拉与抗压强度调整系数取 1.36，弹性模型调整系数取 1.05。胶合木构件抗火验算时，燃烧后的几何特征可按剩余截面计算，构件耐火极限 1 h 对应的有效炭化层厚度为 46 mm。

结构计算模型

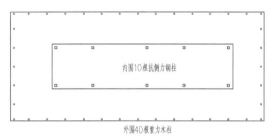

侧力与重力结构性分离

结构系统横向构成示意

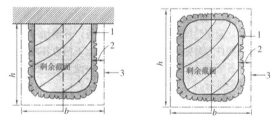

注：1 为构件燃烧后剩余截面边缘；2 为有效炭化厚度；
3 为构件燃烧前截面边缘。

三面曝火与四面曝火构件截面简

施工过程中的侧力柱与重力柱

重力柱的截面应力 /MP

四、创新点

1. 竖向构件设计

采用侧力构件和重力构件分离的设计思路，小茶室竖向构件仅内围 10 根钢柱担当侧力柱，外围 40 根工程木柱担当重力柱，既为结构提供了足够的抗侧刚度，又减小了木柱的结构尺度，使结构在纤细与抗侧刚度之间找到平衡。

2. 钢-木组合结构

在结构与技术表现上，钢-木组合结构能够给使用者带来与木结构建筑相似而又不同的感受，这种材料感和空间感是钢筋混凝土建筑所无法呈现的。更为重要的是，项目在技术层面扎实的探索让中国建筑传统的传承更可持续。

► 九寨沟景区沟口立体式游客服务中心

项目地点： 四川省阿坝藏族羌族自治州九寨沟县
建设单位： 九寨沟风景名胜区管理局
设计单位： 清华大学建筑设计院
施工单位： 陕西建工第九建设集团有限公司
　　　　　　苏州昆仑绿建木结构科技股份有限公司
生产单位： 苏州昆仑绿建木结构科技股份有限公司

一、项目概况

　　项目位于四川省阿坝藏族羌族自治州九寨沟县内，呈"Y"字形，西至荷叶宾馆，东至四号桥，南至贵宾楼饭店，西北侧临 310 省道，西南侧和东北侧为山体，东南方向为九寨沟景区。用地面积 8.996 hm²，总建筑面积 30 650 m²。涉及木结构的为集散中心、智慧中心、展示中心、国际交流中心，屋面为钢木混合的网壳结构，其中集散中心屋盖东西方向最大跨度约 38 m，南北方向最大跨度约 40 m，最高处的标高约 12 m。

项目鸟瞰

二、建筑设计

项目处于九寨沟世界自然遗产地、国家风景名胜区范围内。设计立意与九寨沟自然山水形态呼应，建筑充分体现藏文化内涵，造型舒展流畅，融合传统文化与现代风格，是富有深厚文化底蕴、集各项管理服务功能于一体的"环境建筑"。师法自然，融入九寨天堂的山水胜景；取意人文，体现川藏特色的文化底蕴。

利用场地原有地势——西侧山边比东侧翡翠河畔高 6 m 左右，设置平台层与西侧场地标高持平，作为主要出发层，便于游客饱览沟口三山两河，平台下层比翡翠河水位略高，作为游客主要到达

大罩棚大跨度屋面实景

层；在游客高峰时段，平台层和平台下层同时作为出发层，游客可快速进沟游览。集散中心充分利用原场地高差，既避免了地下水位过高给施工带来的诸多困难，又造就了平台形象的亲近感。

九寨沟新入口的游客中心入口罩棚与检票口罩棚，设计立意是通过不规则形态单层网壳木结构与九寨沟自然山水形态相呼应。

游客集散中心则由 36 根开花柱组成，采用非常规梁柱支撑体系，柱通过树枝样的斜撑与梁板体系连接，象征"四季九寨"。

游客中心入口罩棚采用大跨度木结构，与水花玻璃雕塑组合成九寨沟 logo，造型利用藏语里元音的符号，让自然和人文巧妙地结合起来，造型美观，内涵丰富。

此外，罩棚拱形起伏如山形的屋面采用九寨沟当地石板瓦，并综合利用震后山体滚落的木材进行装饰，形成最具地域特色的标志性入口。

游客中心入口

屋面石板瓦

三、结构设计

　　入口罩棚由大小两个罩棚组成，其中大罩棚为跨度 39 m 的钢木组合异形空间网壳结构，支撑条件为上侧落至 9 个弧形木柱，下侧落至 3 个开花柱，右侧与钢结构相连。

　　整个结构跨度较大，木梁间连接按铰接考虑，若一个方向作为主要受力梁布置会影响项目效果，且主梁受力较大，导致木构件尺寸增加，长度也超过运输长度。因此木梁采用互承式木网壳结构，木梁尺寸为 220 mm×900 mm。

　　根据建筑效果，木网壳外漏梁为平行四边形网格，为增加屋面刚度，在吊顶范围内布置直径 30 mm 的拉杆，将结构单位调整为三角形单元。

　　项目周边采用钢梁，考虑包木后的钢梁尺寸与木梁一致，钢梁尺寸为 300 mm×800 mm。

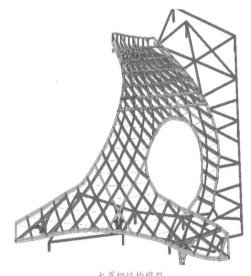

大罩棚结构模型

大罩棚

四、创新点

项目设计结合当地材料，使传统工艺与现代数字化技术相结合，利用现有场地条件，通过地景化设计，塑造自然、舒展的建筑造型，融入环境，致敬自然。

1. 大跨度互承式胶合木结构应用

在国内率先采用胶合木互承式结构。集散中心入口罩棚及检票口罩棚跨度为35~40 m，是国内目前建成仅有的采用单层互承式胶合木结构体系的项目。

2. 柔性化智能制造应用

基于 BIM 参数化设计和数字仿真智能制造技术实现非标木构件定制化设计与加工。前端建立整个建筑构件的最终模型，后端自动生成每台机械臂每个工序的加工数据。柔性化智能制造技术的运用对木结构制造领域是一次技术性的革新，具有重大意义。

3. 施工工法创新

项目总结施工中应用的工艺和技术形成企业级工法《基于 BIM 参数化设计与数字化仿真智能制造技术的互承式大跨度胶合木结构施工工法》（KLLJGF2020-01），该工法提高了施工效率和施工精度，已入选2021 年度江苏省工程建设省级施工工法。

▶ 道明竹里社区文化中心

项目地点：四川省崇州市
建设单位：崇州市崇中展业投资有限公司
设计单位：上海创盟国际建筑设计有限公司
施工单位：苏州昆仑绿建木结构科技股份有限公司
　　　　　　四川鑫常乐建筑工程有限公司
生产单位：苏州昆仑绿建木结构科技股份有限公司

一、项目概况

　　竹里作为乡村社区文化中心，其整个片区建筑功能包括展示、展览、会议、民宿及餐饮娱乐等。竹里项目位于四川省成都市崇州市道明镇，占地面积 6 930 m²，建筑面积 1 800 m²。项目结构形式为钢木混合结构，建于 2017 年，目前是道明竹艺村的标志性建筑。项目为第 16 届威尼斯国际建筑双年展中国国家展参展项目，荣获 2020 年中国优秀文旅康养木结构工程会所类一等奖。

项目鸟瞰

二、建筑设计

道明镇竹艺村只有86户人家，该村"竹编织"手艺远近闻名，编织工艺作为非物质文化遗产亟待保护。竹里的名字取自陆游曾经造访道明时写下的《太平时》头一句"竹里房栊一径深，静悄悄"，形式上内向迂回成一个"∞"形，自然地围合出两个院落。一座座掩映在竹林之中的农家小院，古朴而特色鲜明，安静而生机盎然，设计模仿符号中的"无限"，喻义竹艺村拥有无限的竹艺创作可能，而且循环往复，世世代代传承着竹编技艺。

设计构思试图融入原有场地、周围村落及自然生态，探索城市与乡村建设的互动，实现建造技术与当地手工艺的呼应。

建筑用地为拆迁农户宅基地，主创团队在最大限度保留周围林盘竹林及参天大树的前提下，用两个撑满方形基地的圆形最大化地使用了原宅基地。

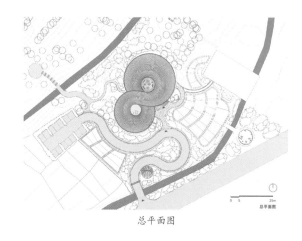

总平面图

项目外景

双曲面灰瓦既符合当地特质，又可对接复杂结构。 屋面以环形内向重叠，自然形成两个内向院落，为室内提供了丰富的景观层次。

内部庭院

项目内景

竹里酒店

三、结构设计

结构采用钢–胶合木混合结构。由钢木构架支撑起内向重叠的环形青瓦屋面。

整个结构由两个大小圆形组成"∞"形状，由 28 个组合木柱、两个钢柱支撑环向和径向的木桁架。径向三角桁架上弦根据屋面形态主要分为两种形态：三角桁架的上弦和腹杆主要受压，采用胶合木构件；下弦主要受拉，采用钢拉杆。

在屋面三角桁架平面外布置圆形钢管梁将桁架串联起来。为增加屋面刚度，局部位置布置 SC（镀锌钢管）。

屋面采用 2–2×4@250 的 SPF（云杉–松木–冷杉）规格材搭接在下部圆钢管梁上，最上边铺设 OSB 板。

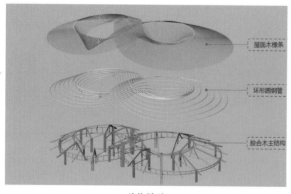

结构模型

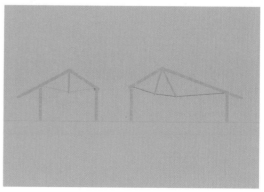

两种屋架形式

项目采用双柱形式，结构柱脚铰接节点用"丰"形钢板连接，环形钢梁与木柱用螺栓、钢板连接。

环形钢梁与木柱顶端连接，木柱顶端布置矩形五金件插入木柱内，五金件与两侧木柱采用螺栓连接，矩形五金件上焊接两块钢板布置在木梁两侧，木梁与钢板采用螺栓连接，钢梁与钢板焊接连接。

柱脚节点形式　　　　　环梁与木柱连接形式　　　　　环形钢梁与木柱顶端连接形式

四、创新点

以竹里为原型，运用拓扑找形手法，结合各建筑不同功能要求形成变截面青瓦屋面，以此确定下部的钢木支撑结构，进行工厂预制。设计、施工阶段集成应用 BIM 技术，提高了设计和施工的自动化程度以及安装精度，完美还原了建筑细节效果。

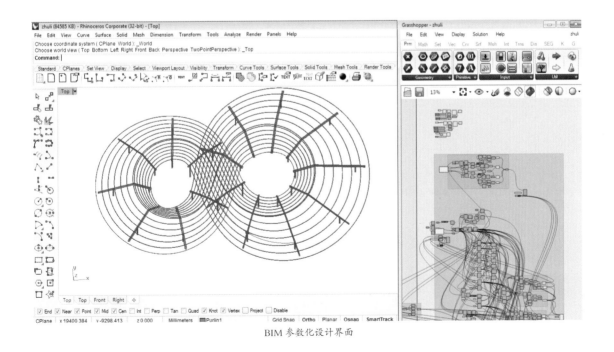

BIM 参数化设计界面

◎ 苏州第二工人文化宫游泳馆

◎ 常州市淹城初级中学体育馆

◎ 崇明体育训练基地游泳馆

◎ 北京冬奥会国家雪车雪橇中心

◎ 丽水松阳大东坝镇豆腐工坊

木结构建筑案例集

05

体育建筑

▶ 苏州第二工人文化宫游泳馆

项目地点： 江苏省苏州市相城区
建设单位： 崇州市崇中展业投资有限公司
设计单位： 中衡设计集团股份有限公司
南京工业大学建筑设计研究院有限公司
施工单位： 中亿丰建设集团股份有限公司
苏州汉威木结构工程有限公司
生产单位： 江苏梁缘建筑科技有限公司

一、项目概况

第二工人文化宫游泳馆位于苏州市，占地面积约 46 500 m²，场地呈 "L" 形，西侧为城市主干道广济北路，北侧邻玉成路，南侧为朝阳河。项目建筑面积为 2 460 m²，高度为 23.8 m。内设游泳池和戏水池，以及可容纳 200 多人的看台。游泳馆屋面采用坡屋面形式，屋盖采用弦支木结构，外围采用型钢混凝土框架结构，游泳馆纵向跨度 67.2 m，横向跨度 36.6 m，檐口高度 15 m，屋脊高度 19 m。项目荣获 2020 年度江苏省装配式建筑创新设计一等奖。

项目鸟瞰

二、建筑设计

　　苏州第二工人文化宫的设计和创作目标旨在修补建筑与城市文脉的关系、重拾城市的集体记忆。第二工人文化宫的设计中，建筑师放弃了传统文化宫的中心集合式布局，而以苏州传统民居的空间布局模式进行组织。设计将大体量的综合空间"化整为零"，若干独立单元依据不同动线分解并有序布置，形成苏州传统民居街巷风格的聚落。不同聚落之间由院落连接，有机组合成主次分明的室内外空间系统。

项目外景

三、结构设计

　　项目屋盖纵向跨度 67.2 m，横向跨度 36.6 m，屋面沿纵向呈折线型，采用双向交叉张弦胶合木梁体系，该体系可有效减小上弦杆胶合木梁的弯曲应力与挠度。传统的张弦梁结构上弦杆通常采用平面样式，而在该游泳馆屋盖中，结构上弦杆、腹杆以及下弦索总体沿着屋面呈折线形布置，其结构形式属国内首创。

结构构造

四、创新点

1. 弦支木结构自平衡体系

屋面沿纵向呈折线型，采用双向交叉张弦胶合木梁体系，其中上弦木梁沿屋面呈交叉布置，投影为有规律的菱形，截面采用平行四边形；在交叉节点处为了确保节点的刚度采用沿一个方向通长，另一个方向断开的方式，且通长和断开构件呈交错布置；交叉传力体系巧妙地将张弦结构形式与多折斜坡屋面结合在一起。

整个屋盖张弦梁结构为自平衡体系，一侧支座为固定铰支座，另一侧支座通过在销轴位置设置长圆孔实现滑动支座。交错的上弦木结构和下弦预应力拉索形成自平衡的空间结构，不会对框架柱产生水平推力，减小了屋盖支撑柱的内力。

项目建模　　　　　　　　　　　　　　　　　施工过程

2. 大跨度预应力双向交叉弦支钢木组合结构施工技术

通过 BIM 技术对木结构屋面进行整体建模，临时支撑平台及满堂脚手架搭设的基本布置要求也被建入结构模型中，对架体进行优化及调整，确保架体能满足木梁安装及拉索张拉阶段施工。

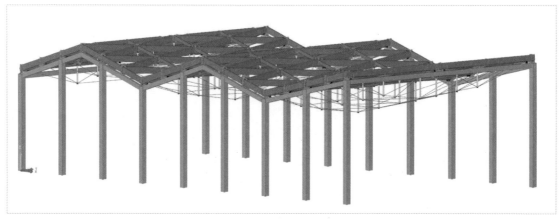

项目 BIM 模型

▶ 常州市淹城初级中学体育馆

项目地点： 江苏省常州市武进区
西园路以东淹城初级中学内
建设单位： 常州市淹城初级中学
设计单位： 南京市建筑设计研究院有限责任公司
南京工业大学建筑设计研究院有限公司
施工单位： 苏州昆仑绿建木结构科技股份有限公司
生产单位： 中意森科木结构有限公司

一、项目概况

　　项目位于常州市武进区虹西路以北、西园路以东、淹城初级中学内西侧用地，紧邻学校体育场。项目总建筑面积 3 899 m²，高度约 18.10 m，跨度 30.55 m，采用了大跨钢木桁架以及混凝土框架体系，两者相互独立，互不影响。项目的木结构部分采用预制装配式建造技术，通过 BIM 技术实现精细化加工和安装。项目是国内目前建成的跨度最大的木结构体育馆。项目获批 2018 年度江苏省建筑产业现代化示范项目。

项目构造细节

二、建筑设计

常州市武进区淹城初级中学位于淹城遗址公园北侧，因"春秋淹城"而得名。淹城古称"奄"国，据考古确认建于春秋晚期，距今有 2 500 余年的历史。遗址为春秋时期所筑，是国内保存最完整、形制最独特的春秋地面城池遗址。春秋时期的建筑为台榭，台榭的基本特点是以阶梯形土台为核心，逐层架立木构房屋，最终形成高台式土木混合结构的庞大建筑物。当时发明的砖瓦等建筑材料与斗栱等结构形式奠定了中国古典建筑的基础，形成了传承数千年的独特建筑形式。基于上述思考，主创团队在体育馆造型中汲取了春秋时期台榭建筑的土台、木构、屋顶三段式造型元素：基座采用外挂竖向灰色铝板，密拼窄缝形成厚重感；中部为十根支撑屋面的巨型拼接木柱，通过与基座的虚实关系，强化了屋面的悬浮感；屋顶采用现代简约的平屋面，檐口层层出挑，似斗栱的倒锥形，将古典形制与现代构造相结合，形成新的木结构审美。

三、结构设计

项目创新性地采用木柱与简化斗栱组合而成的木结构竖向承重体系。屋盖采用钢木组合桁架，5 榀双拼胶合木主桁架与纵向次桁架形成类似平板网架体系，桁架之间设置胶合木檩条，提高结构整体性能；斗栱与桁架交叉层叠，保证了结构整体的刚度和稳定。木柱采用异形拼接格构柱，格构柱由 4 根木柱及核心钢管组成。柱脚连接采用延性连接与节点增强技术，成功运用了多项发明专利。

项目外景

四、创新点

项目采用预制装配式木结构体系，由格构式木柱与木桁架组成主体结构，10 根格构柱支撑上部屋盖，屋盖采用主次钢木桁架形式。格构柱由 4 根 400 mm×400 mm 木柱组合而成，中部设置 100 mm×100 mm 钢管作为核心等间距连接，格构柱底采用自攻螺钉增强型螺栓节点，与基础实现延性连接。在主体结构中，10 根格构柱与若干 150 mm×400 mm 纵横交替的木梁叠合连接，形成由现代斗栱组合而成的木结构竖向承重体系，这种体系沿用了传统木结构的特征，将传统建筑艺术融入了现代柱梁结构体系中，性能优越，为国内首创。

▶ 崇明体育训练基地游泳馆

项目地点： 上海市崇明区
建设单位： 上海体育职业学院
设计单位： 同济大学建筑研究院（集团）有限公司
施工单位： 上海建工集团股份有限公司
　　　　　　苏州昆仑绿建木结构科技股份有限公司
生产单位： 苏州昆仑绿建木结构科技股份有限公司

一、项目概况

　　上海崇明体育训练基地游泳馆位于上海市崇明区陈家镇，东北至 55 塘河，南至北沿公路，西至规划发展预留用地。项目南北向长约 666.8 m，东西向长约 1 009.5 m，包括综合楼、科研医疗楼、教学楼、运动员宿舍、游泳馆、篮球馆及多个低层建筑，含 26 个单体。4# 楼为游泳馆，网壳结构，地上二层。

上海崇明体育训练基地一期实景

崇明游泳馆室内实景

二、建筑设计

崇明游泳馆为国家级体育训练基地,在设计上兼顾实用和美观。考虑到泳池中的氯气对钢结构的腐蚀性,因此在屋面建造上采取两侧各 9 m 用钢结构固定支撑,中部 27 m 用木结构呈菱形交织的"混搭"。游泳馆整体采用的交叉菱形网格结构具有较好的纵向和横向刚度,是空间作用结构体系。在体验上,这种结构体系更能适应建筑的外表皮纹理和内部空间效果,而且木结构可减少游泳池上方由于湿气较大出现的结露,增加建筑的亲和力和温馨感。为了提升建筑内部空间的整体性,两端的钢结构构件颜色与木结构一致。

三、结构设计

崇明游泳馆屋盖采用钢 – 木混合筒壳结构,筒壳矢高 6 m,跨度 45 m,矢跨比 1∶7.5。结构中间 27 m 采用胶合木结构,两边跨各 9 m 范围采用钢结构。游泳馆纵向长 64 m,屋盖筒壳两端处的标高为 7.5 m,钢木转换节点的标高为 11.5 m,屋盖最高处的标高为 13.5 m。

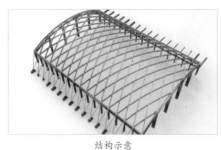

结构示意

剖面

屋盖结构采用四边形交叉菱形网格的筒壳结构，该结构具有较好的纵向和横向刚度，更能适应建筑的外表皮纹理和内部空间效果。由于胶合木梁交叉处仅有一个方向可连续，故采用"互承式"结构体系（又称Zollinger体系），单个胶合木梁长度为两个菱形网格的边长，在较小结构构件的基础上实现了较大的屋盖刚度。

由于木网壳结构连接节点无法完全实现刚接，为保证木网壳结构的稳定性，在中间木结构下部布置拉索。下部拉索施加预应力后，一方面可以提高结构的竖向刚度，减小结构的竖向变形，同时提高结构的极限承载力，另一方面拉索作为上部结构的第二道防线，防止了由于局部木结构节点破坏而造成的结构连续性倒塌，提高了整个结构的安全性。

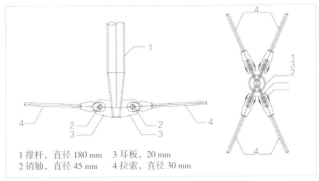

1 撑杆，直径 180 mm　　3 耳板，20 mm
2 销轴，直径 45 mm　　4 拉索，直径 30 mm

拉索节点

互承式结构体系

四、创新点

（1）新型大跨度钢-木-索混合结构体系轻盈、简洁，符合现代化公共建筑的审美要求。

（2）互承胶合木梁体系在较小构件的基础上实现了大跨度和较大整体刚度，连接五金件隐蔽性好，木构件表面纹理连续、流畅。

（3）高强拉索不仅承担着抵消推力的重任，同时通过撑杆进一步提升了屋盖的竖向承载力，形成了张弦结构。

▶ 北京冬奥会国家雪车雪橇中心

项目地点：北京市延庆区
建设单位：北京北控京奥建设有限公司
设计单位：中国建筑设计研究院有限公司
施工单位：上海宝冶集团有限公司
　　　　　　苏州昆仑绿建木结构科技股份有限公司
生产单位：苏州昆仑绿建木结构科技股份有限公司

一、项目概况

国家雪车雪橇中心位于北京延庆小海坨山南麓，由"鸟巢"总设计师李兴钢院士设计，全长 1 975 m，共设置 16 个弯道，是北京冬奥会竞赛场馆中设计难度最高、施工难度最大的新建场馆。项目用地面积约 18.69 hm²，建筑面积 5.26 万 m²，其赛道是国际雪车联合会认证的亚洲第 3 条、世界第 17 条雪车雪橇赛道。

作为中国首条雪车雪橇赛道，它承担了北京冬奥会和残奥会雪车、钢架雪车、雪橇三个项目的全部比赛内容。项目荣获 2020—2021 年建筑应用创新大赛奖。

国家雪车雪橇中心

雪车雪橇中心施工全景

世界唯一的 360 度回旋弯赛道

二、建筑设计

项目建筑形态独特，宛如一条游龙飞腾于山脊之上，包括赛道、出发区、结束区、运行与后勤综合区、出发训练道（冰屋）及团队车库、制冷机房等。

项目高程分布自 896 m 至 1 017 m，赛道垂直落差 121 m，赛道长度 1 975 m，设置斜度各异的 16 个弯道（其中第 11 弯道为回旋弯），有 12 个弯道竖向翻起，在趣味性、挑战性与安全性之间寻找平衡。

赛区所在位置山高林密，风景秀丽，谷地幽深，地形复杂，建设用地狭促。雪车雪橇中心所在地位于一条山脊之上，山脊东西两侧均有陡壁。按照国际雪联的要求，要避免全程阳光照射影响赛道冰面硬度，赛道设在山地南坡需要增加额外工程量。对此，主创团队提出并设计了 TWPs（地形气候保护系统），即根据赛道宽窄、弯道情况，以及延庆当地 10 月到第二年 3 月的太阳辐射角度，为赛道"量身定制"悬挑遮阳棚——能有效保护赛道冰面免于受到各种气候因素影响，并有效减少阳光直射，起到节能保温的作用，最大限度降低能源消耗，确保赛事高质量进行。屋顶步道游廊设计使游客在观赛之余还可以沿长长的赛道回环攀升，登高望远，欣赏赛区美景。

三、结构设计

国家雪车雪橇中心以长度 1 975 m、有 16 个弯道的赛道为核心，以支撑赛道并容纳制冷主管的 U 型槽为基础，通过 V 型钢柱、钢木组合梁屋面构成的遮阳篷覆盖于赛道上。遮阳棚木梁采用三明治结构，外层为两片胶合木梁，中间层为钢木组合结构，由拉索将悬挑端的拉力经屋脊传递至 V 型钢柱，高效地满足了单边长悬挑的力学要求。在木梁的尾端根据结构受力特点设置分散应力的倒三角小木梁，满足结构合理受力的同时，在遮阳棚的尾部形成了可沿屋面通行的屋顶步道。

遮阳棚木梁最大悬挑跨度 13.2 m，采用异形三明治结构胶合木梁，两侧胶合木梁厚 120 mm，内侧设置 150 mm 厚胶合木芯板，胶合木芯板和外层胶合木梁通过木螺丝固定、协同受力。结构计算时采用二维面单元模拟木梁受力，并采用钢连杆模拟外层与芯板之间的木螺丝连接。为满足大跨度受力要求，最外层胶合木梁截面高度达 2.5 m，并在夹层内隐蔽设置 D32 钢索用于提拉悬挑梁端部，有效地减小木梁应力和挠度。

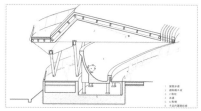
木梁位置示意

木梁的三明治结构示意

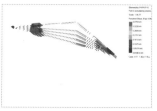
模拟木螺丝连接的钢连杆受力验算

木梁安装

雪橇车滑道遮阳棚胶合木梁节点

四、创新点

（1）研发并应用了地形气候保护系统，解决了"南坡变北坡"的设计难题，其设计理念、技术实施路径和遮阳系统的生成与设计、钢木组合结构与屋面系统等专项技术及成果都达到世界领先水平。

（2）遮阳棚木梁采用了钢-木三明治结构，钢拉索隐藏在外侧木梁内，在满足建筑效果的基础上实现了较大的悬挑跨越。

（3）外层胶合木梁和胶合木内芯通过木螺丝紧固连接，采用有限元建模方法，对三层木梁-木螺丝进行了协同受力分析。

▶ 丽水松阳大东坝镇豆腐工坊

项目地点：浙江省丽水市松阳县
建设单位：浙江省丽水市松阳县大东坝镇蔡宅村股份经济合作社
设计单位：北京 DnA_ Design and Architecture 建筑事务所
施工单位：上海融嘉木结构房屋工程有限公司
生产单位：上海融嘉木结构房屋工程有限公司

一、项目概况

2021 年 10 月，DnA 建筑事务所凭借"豆腐工坊"赢得由意大利费拉拉大学建筑学院和 Fassa S.r.l. 颁发的 Fassa Bortolo 国际可持续建筑奖金奖。

Fassa Bortolo 国际可持续建筑奖由"Fassa Bortolo"商标的持有者 Fassa S.r.l. 公司联合费拉拉大学建筑学院发起于 2003 年，旨在广泛地促进和宣传为人类需求而设计的、能够通过减少污染和对资源的肆意消耗来满足当代和未来需要的、环境可持续的建筑项目。基于以上目标，该奖项面向的作品包括：新建项目、重建项目、既有建筑扩建项目、城市规模的干预项目、景观设计项目以及其他任何明确表达可持续性理想的项目。

项目内景

二、建筑设计

蔡宅村位于松阳县大东坝镇，四面环山，石仓溪穿村而过。这里已经有两百多年的历史，尤其以各种豆腐产品为特色。从前，传统家庭作坊制作的豆腐因为环境条件的限制无法达到食品认证的标准，因此销路并不广泛。

豆腐工坊的建筑与村庄环境融为一体，顺着地形原有的趋势，从村口绵延向上。工坊在村级成立了原材料和加工户的合作社，使得传统豆腐制作工艺的品质得到了提升。工坊的整体运营由合作社完成，村民成为直接受益人。现在也有不少农户加入了合作社，收入水平也得到了提升。

项目鸟瞰

建筑的一侧设有供游客参观的通廊，游客可以顺着楼梯按顺序观看到豆腐制作的整个过程，最后到达最顶端的品尝区。在这里不仅可以尝到新鲜出炉的豆腐，也能欣赏到溪水对岸历史村落的美丽景致。工坊整体采用装配式木结构，在实现现代工坊生产目的的同时，也与村庄内传统的榫卯结构房屋相呼应。

工坊不仅作为生产空间，同时也是蔡宅村传统文化和工艺的展示空间。

项目内景

三、结构设计

　　该项目采用胶合木装配结构，阶梯式空间布局，并采用了传统的斜屋面、小青瓦屋顶设计，密布、通透的天窗给室内提供了很好的采光和通风效果，大量玻璃的使用使房子的功能与结构几乎一览无余；室内的层层平台与头顶无处不在的高侧窗时刻提醒着大地与天空的存在，天、地之间，似乎一切消融，只剩下层层跌落的屋面。

四、创新点

　　项目依地势起伏而建，质朴的木结构阶梯式空间完美地融入村庄自然环境之中。传统的斜屋面、小青瓦屋顶结合密布、通透的天窗，给室内提供良好的采光和通风效果，节约能耗的同时更拉近人与自然的距离，使人更放松地体会当地人文特色。

◎ 南京信息职业技术学院实训楼

◎ 绵阳特殊教育学校

◎ 向峨小学

◎ 中新生态城中福幼儿园

06

学校建筑

▶ 南京信息职业技术学院实训楼

项目地点： 南京市栖霞区
建设单位： 南京信息职业技术学院
设计单位： 南京林业大学阙泽利工作室
施工单位： 江苏大元国墅投资有限公司
生产单位： 南京森研木业有限公司

一、项目概况

南京信息职业技术学院 15 kW 光伏太阳能物联网技术木结构教学实训楼，以轻型木结构为主框架，集成应用了墙体隔热保温、材料增强与结构加固安全等技术，同时在结构上满足屋盖承载"光伏屋面"的荷重和防水特殊要求，建筑总面积 422 m²，一层 270 m²，二层 150 m²，建筑总高度 10.24 m，设计年限为 30 年。

木结构教学实训楼

二、建筑设计

项目为将各专业教学高度集成，在设计时以局部二层的方式展开：一楼集中了电路器件操作、物流物通、网络通信、学术会议等模块；二楼主要用于智能交通环节，在屋顶上高度集中了该校的光伏科研成果，通过光伏发电满足实训楼主要的教学用电需要。

实训楼与周边环境一体化

实训楼中的光伏装置

三、结构设计

　　木结构实训楼在结构上采用了高墙体保温、高性能自攻螺钉、隐藏式连接、混凝土后锚固、屋面通风隔热、新型木结构快速装配、门窗气密性、卫浴设施集成、厨房功能提升、墙体透气、新型 SIP 结构墙体、工字梁加强、阻燃超耐磨地板、秸秆地板基材等多项技术，以全面提升建筑的安全性、耐久性和舒适性。

　　墙体是建筑围护结构的重要组成部分，其保温隔热性能的提高对于提升建筑节能水平是最为行之有效的措施。因此在木框架墙体中外挂板与内装修材料之间的隔离层和保温层，即隐藏于墙体内的这部分，尽管在建筑中所占比例很小，但对墙体节能、耐久性功能的发挥起着重要作用。为增加墙体的保温层厚度，木质墙体将不同规格龙骨并排交错排列，传热系数可以达到 0.17 W/（m² · K），完全能够满足严寒地区 65％ 的节能标准。同时，木质墙体外侧的空气流动层可以使得墙体保持干燥，增加墙体的使用寿命。

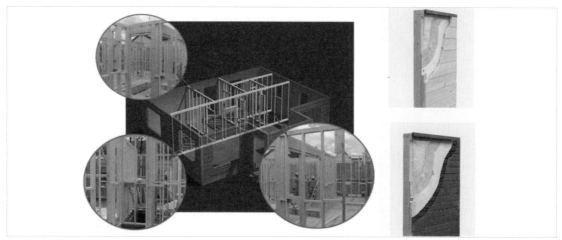

墙体保温技术

在节点连接上，采用了高性能自攻螺钉斜接技术。与普通螺钉相比，螺纹区域的特殊形状使得它能将荷载传递到周围的木材中去，木材不易劈裂；滚压的螺纹经过硬化处理，极大地提高了自攻螺钉的抗弯强度、抗扭强度、抗拉强度；连接刚度的增加减小了滑移的可能性。高性能自攻螺钉有很高的轴向承载能力，抗拉强度高达 1 200 N/mm²，并且可以系统地加强荷载集中或薄弱部位，克服木材各向异性的弱点，提高整个结构的强度和刚度。

四、创新点

1. 隐藏式节点连接技术。采用的隐藏式连接件主要有柱脚连接件、梁–柱连接件、梁–梁连接件、梁–构造柱连接件，以及锚栓和螺栓。所有连接件都不直接暴露在外，用木材进行包裹防止火灾引起连接强度失效，对木结构防火有重要意义。连接件除锈等级不低于 Sa2.5 级，所有连接件均做热镀锌处理，镀锌层厚度不小于 275 g/m²。

2. 高气密性门窗。门窗玻璃采用 6 mm clear（透明玻璃）+ 6 mm Low–E（低辐射镀膜）玻璃组成的中空玻璃，空气间隔层厚度为 12 mm。材料为樟子松，含水率为 14.2%。樟子松的弦向干缩系数为 0.324%，因边框的宽度不同，计算出窗框材料与窗扇之间缝隙约为 3 mm，窗扇之间缝隙约为 4 mm。为了增加气密性，从室外观察，窗框能将窗扇包围，窗框宽度改为 55 mm。在窗框与窗扇、窗扇与窗扇之间用三元乙丙胶条，增加气密性能，并形成空腔，以增加保温性能。对窗扇之间的结构也进行了修改：为了增强气密性能和保温性能，增加空气流通的阻路径长度以及形成空腔，将窗扇间的缝隙设计成 S 形。

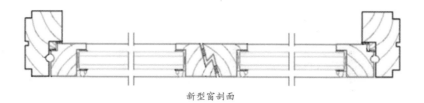

新型窗剖面

▶ 绵阳特殊教育学校

项目地点：四川省绵阳市游仙经济实验区
建设单位：绵阳市游仙区教育体育局
设计单位：美国 SCA 国际设计集团　四川海辰工程设计研究有限公司
施工单位：苏州昆仑绿建木结构科技股份有限公司
生产单位：苏州昆仑绿建木结构科技股份有限公司

一、项目概况

　　绵阳特殊教育学校共有六栋建筑，包括教学综合楼和学生、教师宿舍楼、食堂等单体，占地面积为 3 392 m²，总建筑面积为 5 871 m²，容积率 0.37，建筑密度 21.2%，绿地率 38.5%。其中，教学综合楼建筑面积为 3 826.8 m²，学生、教师宿舍建筑面积为 1 859.14 m²，都是局部为钢筋混凝土剪力墙结构体系的轻型木结构体系，教学综合楼建筑主体建筑高度为 10.81 m、塔楼建筑高度为 14.28 m，学生、教师宿舍楼建筑主体高度为 10.81 m，塔楼建筑高度为 14.28 m。项目荣获全国民营工程设计企业优秀工程设计"华彩奖"金奖。

教学综合楼

二、建筑设计

　　屋面采用传统古建坡屋面的形式，通过木挂板外墙和灰色屋面的结合，创造出中而不古的南方民居造型。木质立面给人以温暖、安全的感觉，同时更能给特殊儿童构筑一种有归属感的人性化家园。通过立面造型将雨水落水管等立管自然包裹隐藏，充分保证了建筑造型的美观。建筑中无障碍设计体现在建筑的方方面面，以满足学校为地震中致残孩子服务的目的。

教学楼主立面　　　　　　　　　　　　　　学生、教师宿舍楼

　　选择云杉、冷杉、定向刨花板、西部红柏以及铁杉为主要建筑材料。西部红柏为天然耐腐材料，且颜色多样，从浅黄色到深棕色，美观且耐久。

　　室内与室外之间均设坡道入口。考虑到轮椅通行的宽度，建筑公共走道的宽度均大于 1 800 mm，一至二层设专用轮椅坡道，通道地面平整、防滑、不松动、不积水；不同材料铺装的地面相互取平，通道门及门洞两侧，通道出入口平开门内外均设触感标志。

室外吊顶　　　　　　　　　　　　　　室内走廊、楼梯

三、结构设计

　　考虑到灾后重建的效率、建筑功能的适用性以及可靠的抗震性能，项目采用了包括顶部桁架和木结构剪力墙在内的多层轻型木结构的结构体系，总体呈现了轻型木结构优越的力学性能和轻盈温馨的建筑外观。

　　教学综合楼和宿舍楼为二层建筑。每一层内均匀布置木结构剪力墙来提供侧向抵抗能力，墙体下方设置抗拉锚杆，屋面采用桁架进一步增强稳定性。较轻的木结构墙体以及均匀的刚度分配能够有效地抵抗地震对建筑带来的伤害，同时装配式的施工方式能够更快投入使用，适合灾区的快速重建。

四、创新点

项目的功能决定建筑细节，需要精心处理。噪声会给残障学生造成情绪等的不良影响，教学用房要做好噪声控制。木结构内墙两侧为石膏板 OSB 板，双排 40 mm×90 mm 墙骨柱交错排列，不仅满足了墙体的承重要求，也增强了墙体的隔声性能，减少了噪声的传播。木结构楼板叠加双层石膏板、保温棉、40 mm 厚混凝土饰面层，可以有效减少楼层之间的噪声传递，减少上下楼层之间的相互干扰。

教室内景

▶ 向峨小学

项目地点：四川省都江堰市向峨乡
建设单位：都江堰市教育局
设计单位：同济大学建筑设计研究院（集团）有限公司
施工单位：苏州昆仑绿建木结构科技股份有限公司
生产单位：苏州昆仑绿建木结构科技股份有限公司

一、项目概况

　　向峨小学位于四川省都江堰市向峨乡，学校在 2008 年 5 月 12 日的汶川大地震中全部损毁，师生员工伤亡 360 多人。重新修建时建筑面积 5 750 m²，占地面积 16 311 m²，抗震烈度为 9 度。设计规模为 12 个班，可以容纳 540 名学生，其中可以住宿 150 名学生。整个项目 2008 年 12 月开工，2009 年 9 月 1 日正式投入使用。

　　向峨小学建成后经历了 2009 年以来的数次 5 级以上地震的考验，经检测其主体结构、围护结构等均未发现开裂或损坏现象。

教学综合楼一

二、建筑设计

项目场地位于向峨乡原都江堰市川江玻璃厂位置，场地轮廓为不规则四边形，东西向平均宽度为80 m，南北向长约218 m。场地东、西、南3面为规划道路，场地北高南低，最大高差约7.5 m。设计尊重山区地形地貌，整合出3处台地，根据不同标高设置3大功能区，并利用草坡缓冲高差，最大限度节省挖填方工程量，强调土地的集约化利用；利用高差设置半地下设备用房，采用功能和空间的叠合，提高单位土地利用效率。

在功能布局上，将整个校园分为教学办公区、生活后勤区和体育运动区3大功能区域，既相互独立又方便联系。校区以教学广场为"核心"，以横贯东西的"教学轴"和纵向连接南北的"活动轴"为布局骨架。通过轴线串接3栋校园建筑，使其结构清晰、联系紧密。

综合教学楼位于场地南侧，正对西侧学校主入口，采用"一体两翼"的"U"字形建筑布局，围合成教学广场，有利于展示完整、宁静、稳重的校园形象。"U"字形设计，简洁且适应了用地局促的限制，三面围合的空间给人一种内向包容的亲切感，既满足了学生活动和疏散的需要，又不至于太过空旷而产生心理上的孤寂感。

校舍建筑共计3栋单体：宿舍楼、餐厅和教学综合楼，除厨房部分采用钢筋混凝土结构外，其余单体均为轻木结构体系建筑，是中国第一所全木结构校舍。

向峨小学地处都江堰山区，建筑风格师法川西传统民居特色，皆采用坡屋顶，屋顶出挑深远、高低错落、变化丰富。外墙材料主要采用木质挂板及涂料，局部采用仿石面砖。立面处理突出木结构建筑特点，穿斗式木线条、木质百叶与竖向构件间隔有韵律地布置，体现出川西山区小学独特的雅致。

作为整个校园的标志性建筑，教学综合楼采用了规整、对称、稳定的造型。建筑共2层，层高3.6 m，分为3个部分。北区为普通教室区，每层设6个普通教室，以2.4 m宽的单廊相连。南区为专用教室区：一层布置劳动教室和自然教室，并配备相应的准备用房；二层布置美术教室和音乐教室，其中音乐教室设在西南角，最大限度地避免对其他用房的干扰。综合楼中间部分为内廊式建筑，底层西侧设有主门厅以及行政办公、总务仓库、德育展览、教工厕所、卫生保健、心理咨询等功能空间，东侧居中为主楼梯以及学生厕所、教学办公、计算机教室等用房；二层西侧为100 m² 的多功能教室以及行政办公用房，东侧为学生厕所、教学办公、图书阅览等功能空间。综合楼共设置3处楼梯，疏散宽度为4.8 m，单廊净宽2.1 m，中间部分内廊净宽3.1 m，满足消防疏散要求。

主入口大门

教学综合楼二

餐厅总面积 780 m²，设置在教学综合楼和宿舍楼中间，除了使用方便之外，在主导风向条件下还不会对教学区产生影响。建筑北侧为单层混凝土结构厨房，含库房、更衣、加工备餐等功能，设计流程符合卫生防疫要求；南侧大餐厅局部为 2 层，底层为学生餐厅，上部为教工餐厅，通过 1.8 m 宽的直跑楼梯相连。

餐厅

餐厅楼梯

学生宿舍为内廊式建筑，总面积 1 210 m²，共 3 层，39 间标准 4 人间，可容纳 156 名寄宿学生。每间宿舍 3.3 m 面宽、4.8 m 进深，考虑日间上课和夜间住宿的使用特点，卫生间（配有洗涤、淋浴功能）布置在外侧，确保优良的通风采光条件。

三、结构设计

综合教学楼采用二层高轻木结构体系。食堂餐厅部分采用重木结构，厨房因明火原因采用单层钢筋混凝土结构；宿舍建筑采用三层轻木结构体系。轻木结构体系采用钢钉及金属连接件将截面较小的规格材连接形成结构体系，有效地抵抗水平及竖向荷载作用。结构主要有三大组成部分：墙体、楼盖和屋盖。竖向荷载由屋盖、楼盖传至墙体，再传至基础；水平荷载（包括风荷载和水平地震作用）由屋盖、楼盖和墙体共同承受，最终通过底层墙体传至基础。

向峨小学教学用房中最大跨度的是图书馆，达 16 m。其每个单体建筑零标高以上外墙、内隔墙均采用 38 mm × 140 mm 内龙骨，外墙龙骨间距为 406 mm。其楼面主要由楼面搁栅和楼面板组成，在下层墙顶标高处设置大梁，搁栅之间填块加强连接，这样既可以减少搁栅的长度，又可以获得较大的跨度。

轻型木结构上部结构重量轻，一般采用钢筋混凝土条形基础即可满足承载力要求。但该项目工程场地标高低于周边道路标高，而建筑设计又要求建筑物底层室内标高高于道路标高，导致建筑物需较大程度的抬高。通过对比分析，最终采用了独立扩展基础加连梁的基础形式，从而既达到了建筑物抬高的目的，又使基础造价低、施工简单。

轻型木结构主要由墙体承受侧向荷载，过多的开洞减小剪力墙的长度，对结构的受力不利。在进行轻型木结构建筑设计时，考虑此特点，在满足建筑相关要求下，尽量减少墙体大面积开洞。

在抗震设防烈度较高的地区建造轻型木结构，由于其所受的较大地震作用，通常剪力墙边界构件轴向力较大，因此重视抗拔锚固件的设计，以保证边界构件中轴力和剪力的传递。

3栋木结构房屋均为平台式框架结构，即建完一层后，以一层为平台，继续建第二层，其特点是墙骨柱在楼层处竖向不连续，优点是施工便捷快速。为此在楼层间采用加强钢带以增强楼层间的整体性，采用抗拉锚固件加强底层剪力墙与基础之间的整体性，以此来保证结构组件之间有效地传力，使结构成为一个整体来抵抗水平作用力。

四、创新点

（1）向峨小学是国内第一座整体运用轻型木结构体系的学校，建成时为国内最大的轻型木结构公共建筑，是柔性体系和抗震能力的完美结合，既体现了绿色环保又与当地山区环境融为一体，对木结构体系在学校建筑中的应用起到了示范作用。

（2）项目采用全木结构建筑体系，以及中水系统收集雨水、低闪频装置照明、自然采光通风系统等绿色建筑技术措施，具有优良的环保、节能、可持续等特点。

▶ 中新生态城中福幼儿园

项目地点：天津市中新生态城
建设单位：天津生态城国有资产经营管理有限公司
设计单位：深圳市立方建筑设计顾问有限公司
　　　　　　南京林业大学阙泽利教授工作室
施工单位：上海融嘉木结构房屋工程有限公司
生产单位：江苏惠优林集成建筑科技有限公司

一、建筑设计

项目以"趣味"为主打理念融入树屋、涂鸦墙、趣味庭院、屋顶种植区等新鲜元素，通过营造置身"生态丛林"的设计，打造一个自然、参与、开放的学习生活空间，让幼儿能在亲近自然的玩耍中健康成长。

中福幼儿园地处天津生态城临海新城片区，位于荣盛路，紧邻海博之门景观廊道，占地面积 8 239 m²，建筑面积 7 380 m²，设置有音体室、公共活动室、班级活动单元、教师办公、厨房后勤等功能分区以及屋顶活动平台、内院活动场地、屋顶种植平台、入口广场等公共活动空间。作为临海新城片区的重要基础配套，投用后将满足区域内学龄前儿童的入园需求，进一步完善生态城教育服务体系。而其灵动、多维度圆形的木结构造型也将为生态城再添一处标志性城市景观。

项目效果

二、结构设计

项目木结构部分主要分为活动区域和雨篷两个部分，其采用的胶合木材料规格尺寸较大，为重木结构。此工程胶合木弧形梁较多，对加工精度有一定要求，同时对连接件的加工精度也有一定要求。

项目钢结构部分主要起到支撑上方木结构的作用，因上方木结构为重木结构，因此钢结构的设计必须确保结构的稳定性和安全性。钢结构的钢柱下部与地面柱脚连接，上部与上方的木结构连接，连接过程中需特别注意角度的调整和连接的精度。此外，雨篷部分在胶合梁的下方还有两根钢管，起到支撑和固定的作用。

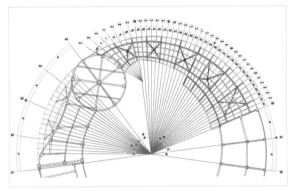 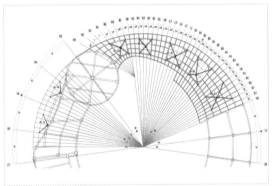

项目局部效果

07

办公建筑

▶ 江苏省康复医院

项目地点： 江苏省南京市溧水区
建设单位： 南京溧水经济技术开发集团有限公司
设计单位： 深圳市建筑科学研究院股份有限公司
南京工业大学建筑设计研究院有限公司
南京金宸建筑设计有限公司
施工单位： 中国建筑第五工程局有限公司
大兴安岭神州北极木业有限公司
生产单位： 大兴安岭神州北极木业有限公司
江苏环球新型木结构有限公司

一、项目概况

江苏省康复医院位于南京市溧水区，总建筑面积约 208 000 m²，是目前国内规模最大的世界一流康复专科医院。项目包括门诊医技综合楼与住院楼两部分。门诊医技综合楼位于中央部分，周围六座发散状单体为住院楼。门诊医技综合楼采用木–混凝土混合结构，建筑共 8 层，1~5 层为门诊医技区，采用混凝土框架结构，6 层为混凝土架空层，7~8 层为科研办公区，是国内第一座在高层区域采用胶合木梁柱 + 正交胶合木（CLT）组合楼盖 + 混凝土框架的混合结构体系建筑。

二、建筑设计

江苏省康复医院的建筑形态以 "生长" 为精神内核，再通过 "生命之树、心灵之莲" 的形态语言来进行设计表达。医技康复单元以 "花瓣" 的布局来围绕中央大厅 "生长"，6 栋康复住院楼则以 "树叶" 的形态来围绕花瓣 "生长"，延续精神内核，再结合周边景观及水体的设计，使得整个建筑造型生动饱满，充满朝气。

各单体建筑立面以 "生长" 为设计驱动力，并以分形几何的自然规律为逻辑，将建筑外侧的横向构件转动流淌、聚合联结，顶部微微扬起的局部构架在呼应精神内核的前提下进一步丰富城市天际线的视觉体验，将建筑打造成为区域地标性建筑。

江苏省康复医院总平面

江苏省康复医院鸟瞰

三、结构设计

项目采用了木结构梁柱与混凝土框架混合结构体系。混凝土结构具有良好的抗侧及防火性能，而木结构材质轻，在抗震、环保、节能和施工效率方面优势显著。项目将木与混凝土两者特性有效融合，充分发挥了两种材料的性能优势。在顶部两层水平混合结构体系中，木结构部分仅承担所在区域的竖向荷载，不设置抗侧墙体，结构通透、利于使用；建筑核心区域以及楼梯间区域采用的混凝土框架则同时承担楼层所有的水平作用及所在区域的竖向荷载。

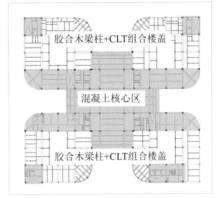

混合结构体系水平布置方式

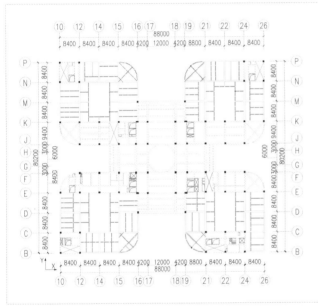

标准层结构平面布置

江苏省康复医院施工现场

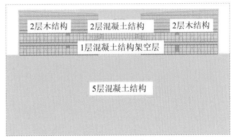

混合结构体系竖向布置方式

为有效地将木结构部分的地震作用传递至混凝土框架，木结构区域采用了 CLT 组合楼盖。该楼盖在 CLT 楼板顶部铺设拉结钢板条，并采用自攻螺钉固定，再浇注 50 mm 厚的细石混凝土层，确保地震作用下结构各部分的协同工作。

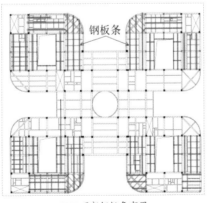

CLT 顶部钢板条布置

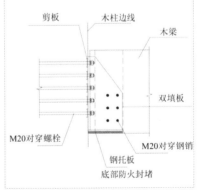

木结构典型连接节点

木结构节点均采用装配式连接方式，柱脚处采用十字钢插板，销栓连接；梁柱节点采用带托板的双填板螺栓连接，梁端钢托板底部采用阻燃木板防火封堵。

本项目采用 Midas Gen 建立结构整体有限元分析模型，其中，木结构梁柱按梁单元模拟，木结构楼（屋）面板按弹性板考虑；木柱与混凝土柱之间按铰接处理；考虑到施工与使用中木结构与混凝土区域交接处存在竖向变形差异，将木梁与混凝土支座铰接；首层混凝土柱在地下室顶板嵌固，支座固接。

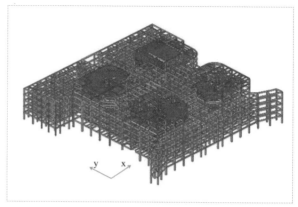

有限元分析模型

木–混凝土结构构件通过定制的钢板连接件连接，采用 BIM 技术对关键节点进行深化设计，精准定位构件中预留孔洞的位置，保证后期加工安装的准确性。工程交底以图纸为主、三维模型为辅的模式进行，方便对施工工艺的全面理解，提高现场施工的准确性。

工程 BIM 模型

四、创新点

（1）项目创新提出了木结构、混凝土结构的竖向与水平混合的新体系，其中建筑 6 层以下为混凝土框架结构，6 层以上采用胶合木梁柱、CLT 楼盖与混凝土框架的水平混合形式，混凝土结构具有良好的抗侧性能及防火性能，而木结构材质轻，在抗震、环保、节能和施工效率方面具有显著优势，新体系充分发挥了两种材料的性能优势，实现木与混凝土两者特性的融合。

（2）项目应用了一种新型的 CLT 组合楼盖，可将木结构部分承担的地震作用力有效传递至核心区域的混凝土框架上。该楼盖由正交胶合木、钢板条、混凝土面层等部分组成，CLT 楼板顶部铺设钢板条与混凝土框架形成可靠拉结，钢板条采用自攻螺钉与木楼板固定，并浇注一定厚度的钢筋混凝土面层，提升楼盖面内刚度，确保地震作用下抗侧构件的协同工作。

（3）项目将 BIM 技术在多高层木–混凝土组合结构中进行了综合应用，全面引入了 BIM 技术，对项目建筑、结构、设备等全专业进行建模，利用 BIM 技术可视化、参数化的特点，解决木–混凝土结构混合建造中所面临的各类问题，并将 BIM 技术介入设计、生产、施工和管理的各个阶段，实现工程项目的全生命周期管理。

▶ 涵碧书院

项目地点： 江苏省苏州市吴中区
建设单位： 苏州市吴中城区建设发展有限公司
设计单位： 山水秀建筑事务所
          苏州拓普建筑设计有限公司
施工单位： 苏州昆仑绿建木结构科技股份有限公司
生产单位： 苏州昆仑绿建木结构科技股份有限公司

一、项目概况

　　项目地址位于吴中区越溪街道旺山风景区尧峰山东侧地块，总投资 30 000 万元，总用地面积 66 480 m²，总建筑面积 31 540 m²，地上木结构总建筑面积 14 940 m²，地下一层为停车库和设备用房，容积率 0.216，绿化面积 36 564 m²，绿地率 55%。建筑高度 10 m，建筑密度为 13.35%，木结构预制装配率 85%。项目获批 2019 年度江苏省建筑产业现代化示范项目。

涵碧书院建成鸟瞰

二、建筑设计

在形象上和内部空间上均体现山水建筑的艺术精神，同时体现与场地的呼应；建筑采用厚重石头基座，其上局部采用玻璃幕墙和遮阳板，将建筑在垂直方向上一分为二，厚重的基础对应自然的山地景观，衬托建筑的轻盈感，犹如漂浮在山地树林之中，结合周边山地、水体、园林，符合中国山水画之意境。

景观设计尽量保留原有山体、水系及植被。建筑附近区域及内部的景观设计也遵从自然法则，仿苏州园林造林之巧妙，布置浅水池、假山等。山坡、树林、水池、湖泊、建筑映在水中，倒影相映成趣。

根据规划退界要求及地形特征，所有的建筑都依山傍水而建。镜湖揽翠艺术馆布置在大湖泊的西侧，涵碧书院顺应原有环状地势布置在山谷内侧。这样的布局可以尽量减少土方的开挖，最大限度保护整体环境，使整个建筑群完美地融入自然山地环境当中。场地内地势起伏较大，现场标高最低为 5.0 m，最高为 25.0 m。所有建筑均依据不同地形标高顺势建造，山地建筑特征明显。项目主要出入口均设置缓坡与外地面衔接。

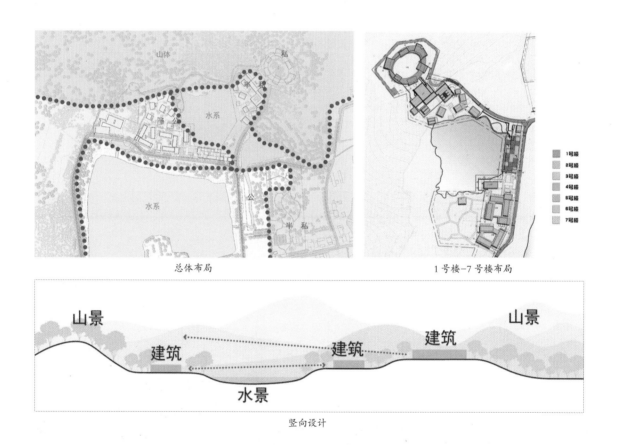

总体布局   1号楼-7号楼布局

竖向设计

1号楼位于场地最北端的谷地中，也是场地的最高点，视野开阔。谷地呈椭圆形，东、南、西三面为山体，山脚下自然形成环状的小溪，场地内为平整的果树林。进入场地的唯一入口位于谷地东南侧，并与书院主要道路相接。山体、水系和道路的情况决定了该单体在整个书院中最具私密性。

建筑在小溪环绕的平整区域内形成向心性的空间。一层为分散的六个小体量石质建筑，结合木质平台，环溪布置。二层为轻盈的环状建筑，与椭圆形谷地形状相呼应，木质的环"轻轻地放"在一层的石头盒子"石基"上。

一号楼外景

一号楼中庭景观

　　2号楼主入口位于东北侧，布局分南北两部分，北部设置报告厅、展厅及戏剧活动室，均靠近主入口，三者之间通过走廊和休息厅连接；南部设置两个活动室。建筑立面通过大面积白色涂料外墙与局部防腐木及当地石材的结合运用，使建筑在意向上呈现出园林建筑独有的韵味。休息厅的立面采用有一定节奏变化的木搁栅与淡青色中空玻璃，为大厅获得更多的光线同时也实现更好的景观视野。通过精心设计的分割模数及尺寸，使得大厅立面更加大气典雅。

　　3号楼主要功能是餐厅、厨房、后勤用房及配套开闭所。餐厅位于湖边，远景为自然山体，湖光山色，景观良好。餐厅北侧设有水上走廊可直达2号楼。餐厅一层外墙表面为石材，二层为木质的独立包房，通过木质框架形成一个整体。

2号楼外景

3号楼外立面

　　4号楼是接待大厅，为坡屋顶建筑，外表面采用木质框的玻璃幕墙，基座为石材表面，其厚重感更加烘托了大厅的通透感。接待大厅面临水面的开洞，不但使上下空间贯通，更增加了人们亲近水面的机会。

　　5号楼和6号楼主要功能为配套住宿用房，分为集中式配套住宿和独立式配套住宿两种类型。不同类型的配套住宿用房各自形成组团，分为三个独立组团。集中式配套住宿用房组团沿东面湖边设置，

4号楼内部

独立式配套住宿用房组团则散落分布在西侧湖泊的南侧山坡上。各组团根据地势布置呈庭院式布局，高差错落有致，同时每个组团各自形成大小不一的庭院，与外部庭院形成一系列景色各异的空间。集中式配套住宿用房一层外墙不对外开窗，通过内部天井采光；外墙面为石材，产生一种封闭的厚重感。二层和三层的外墙为白色，阳台局部为木搁栅。这种开放、轻快的建筑语言有效地消解了建筑的体积，给人一种亲切的尺度感。独立式配套住宿用房外表为木搁栅，并且沿着地势的变化跌落排布，形成富于变化的天际线。

三、结构设计

1 号楼为一层地下室、一层混凝土框架结构和一层木结构建筑，结构设计时将地下室顶板作为上部结构的嵌固端，地上一层混凝土顶板作为二层木结构的嵌固端。本工程的抗震设防类别为标准设防类建筑（丙类）。结构形式为框架结构，抗震等级为三级。木结构部分墙体设计为剪力墙，以达到抗震要求。

2 号楼为局部钢结构和木结构建筑，地下室顶板作为上部结构的嵌固端。本工程的抗震设防类别为标准设防类建筑（丙类）。结构形式为框架结构，框架结构抗震等级为三级，报告厅框架结构抗震等级为二级。木结构部分设置立面圆管钢支撑和楼盖实心钢拉杆，以达到抗震要求。

3 号楼为一层地下室、地上一层混凝土框架结构和一层胶合木结构。地下室顶板作为上部结构的嵌固端，地上一层混凝土作为木结构的嵌固端。本工程的抗震设防类别为标准设防类建筑（丙类）。结构形式为框架结构，框架结构的抗震等级为三级（局部消控室为二级）。胶合木结构部分墙体设计为剪力墙并且利用建筑造型设置胶合木支撑以达到抗震要求。

4 号楼由一层胶合木结构及局部二层轻型木结构组成。首层胶合木框架设置十字形柱间支撑以达到抗震要求，并且设置楼盖斜撑保证稳定性；局部二层轻型木结构部分墙体设计为剪力墙。

5 号楼和 6 号楼分别为二层轻型木结构和三层轻型木结构。部分墙体设计为剪力墙以达到抗震要求。5 号楼单体局部区域为两层钢框架结构，隔墙采用轻木墙体，楼屋盖采用组合楼盖，保证整体稳定性。

部分节点

四、创新点

1. 轻型木结构与重木结构形式的合理运用

1 号楼形状为椭圆形，采用轻型木结构；3 号楼形状为钻石形，采用胶合木框架支撑结构。不同的使用场景采用不同类型的结构形式，营造出不同的造型风格，并与周围环境融为一体。

2. 混搭形式——钢木混合，混凝土与木混合

1 号楼采用混凝土与木混合形式，2 号楼采用钢木混合形式；在结构形式上设计更灵活，不拘泥于传统房屋的许多限制条件，不同结构之间搭配使用，呈现不同结构美。

▶ 昆仑绿建 9# 研发楼

项目地点： 江苏省盐城市大丰区
建设单位： 盐城昆仑绿建木结构科技有限公司
设计单位： CATS 顾问建筑师小组
          苏州城发建筑设计院有限公司
施工单位： 苏州昆仑绿建木结构科技股份有限公司
生产单位： 苏州昆仑绿建木结构科技股份有限公司

一、项目概况

项目位于盐城市大丰港造纸产业园工业二路南侧，建筑面积 2 472 m²，建筑层数为三层，建筑高度 12.15 m，占地面积约 1 198 m²，结构形式为胶合木框架结构，内、外墙采用了轻型木结构组合墙体，屋面采用了轻型木结构楼盖，部分剪力墙体与楼面结构板为 CLT 材料，抗震设计防烈度为 8 度。

项目实景

二、建筑设计

项目为盐城昆仑绿建木结构科技股份有限公司研发和办公总部。项目紧邻大丰海港，这里是昆仑绿建进口木材、加工制造木结构构件的新基地。设计团队对木结构建筑进行重新思考，用精准的设计和建造实现了一种更有新鲜感和当下时代精神的研发工作环境。建筑形态简洁有力，结构跨度经济适宜。

项目的结构和装饰全部由木材完成。它不仅是一座木结构的研发场所，也是建筑用木材的最佳展示地。外墙上的木材装饰来自多种木种，形成的装饰线条展现了多变的肌理。

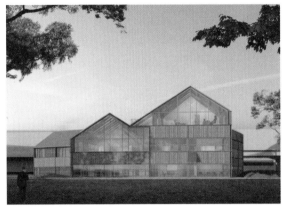

研发楼透视

三、结构设计

项目为三层（局部二层）胶合木结构，结构采用木框架–支撑体系，局部设置 CLT 剪力墙。楼面采用 CLT 楼板，CLT 板与木梁顶接；屋面结构由胶合木梁组成，梁上布置木搁栅。结构整体采用通用有限元软件计算。

结构整体设计合理，充分利用各构件的设计强度，并设置了楼盖刚拉带，保证了结构楼盖的整体性。结构体系设计与建筑方案相互呼应，相得益彰。大量的木斜撑隐藏在墙体中，增加了美感。建筑整体呈"Y"字形，结构设计合理。

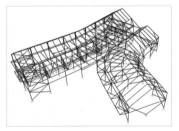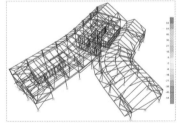

结构模型　　　　　　　结构变形　D+0.7L+WX　　　　　CLT 墙体应力　1.3D+1.5（L+0.6WY）

典型节点

四、创新点

1. CLT 构件连接技术

我国目前针对 CLT 结构性能的研究及产品应用仍处在探索阶段，CLT 相关基础理论研究及数据积累目前正在研究当中。通过节点优化，可以降低安装 CLT 楼盖、墙体构件连接的难度。

2. 施工工艺创新

采用预应力索-胶合木施工工艺，安全、优质地完成项目，保证了节点的受力状态且降低了工程质量风险与操作难度，节约了人工费和工期；通过 BIM 软件参数化设计与智能制造，提高了加工精度，减少了现场手工操作。

▶ 建发木结构学术交流中心

项目地点： 江苏省无锡市
建设单位： 无锡市建设发展投资有限公司
设计单位： 苏州拓普建筑设计有限公司
施工单位： 苏州昆仑绿建木结构科技股份有限公司
生产单位： 苏州昆仑绿建木结构科技股份有限公司

一、项目概况

项目总建筑面积 3 351 m²，建筑层数为四层，建筑高度 17 m。项目横向长 55.7 m，纵向长 16.7 m，为三层胶合木结构，局部楼梯间四层。

项目实景

二、建筑设计

该项目为木结构多层建筑，旨在利用木结构创造真实而独特的空间、构造和审美体验。以标准化、智能化设计为核心，采用国际领先的机械臂柔性加工技术，将装配化理念贯穿设计、制造、施工全过程，充分展现了木结构建筑装配式性能及美观性。

建筑的平面布局充分利用了场地空间，首层体块内缩，增加场地景观空间，通过天桥在二层与西侧周边建筑相连接。钢木混合结构的天桥设计使得建筑与原有建筑在风格上有了较为和谐的过渡与统一。

建筑的平面布局围绕中央大厅展开，三层中庭设计了屋顶大天窗，将光、空气和绿色植物引入室内。木结构与玻璃幕墙的结合让整个建筑充分得到采光，灵动而富有生机，用于遮阳的垂直玻璃散热片极具现代感。

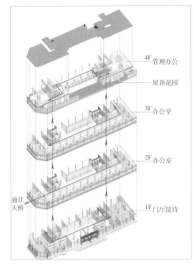

构建图

建筑主入口实景

室外天桥实景

建筑内部设计充分体现了现代木结构元素，整体装配率达到 80%，大体量的胶合木梁柱充满了浓浓的木结构美感，现代而又有自然气息，优雅而富于变化。木材的天然性让自然更贴近人们的工作空间，不但可以保温加湿，还能净化空气质量，隔绝室内外噪声，真正做到了"亲和自然，低碳环保"。

室内实景

三、结构设计

项目针对水平作用，采用木结构剪力墙和斜撑抗侧，局部斜撑插入木柱内，楼板采用木搁栅覆板楼盖。整个结构具有优越的抗震性能。

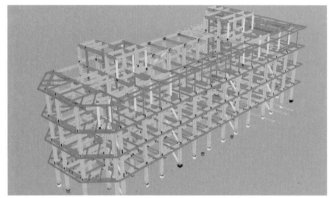

木结构学术交流中心三维

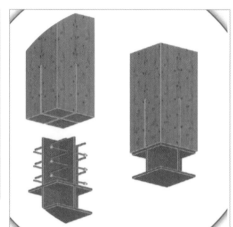

设计造型的斜撑参与整体结构抗侧

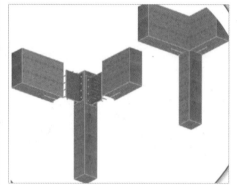

木结构学术交流中心节点安装示意

外立面幕墙距离结构柱有 1 200 mm，楼面局部采用钢檩条外挑。

根据建筑效果，局部采用双梁，双梁下部局部截面增加造型。

本项目四层有水箱，水箱下边局部采用工字钢梁承担竖向荷载，传给两侧木柱。

四、创新点

（1）项目作为国内少有的木结构多层建筑，在设计中充分体现木结构装配化特点，以标准化、智能化设计为核心，将装配化理念贯穿设计、制造、施工全过程。木结构承重构件采用标准化、模数化设计，减少了构件种类，提高了装配化效率。

（2）项目采用多种木质结构体系，运用高性能围护系统技术、光伏电板再生能源利用技术、屋顶绿化及生态绿化综合技术等多项先进技术，符合国家二星级绿色建筑标准。

（3）BIM 技术应用。在设计中全面采用了 BIM 一体化设计技术，将各专业协调设计与木结构构件标准化设计、拆分、数字化加工等相结合，并对每个部件进行统一、唯一的编码，并利用电子芯片技术植入构件信息，对构件进行实时跟踪。

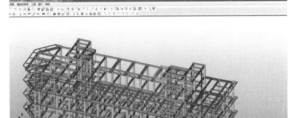
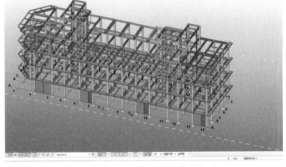

木结构学术交流中心 BIM 软件视图

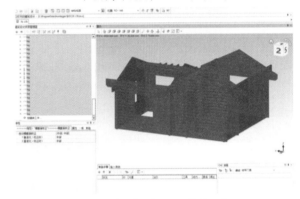

木结构学术交流中心加工软件视图

08

居住建筑

▶ 太湖御玲珑生态住宅示范苑

项目地点：江苏省苏州市吴中区
建设单位：苏州佳邑绿色置业有限公司
设计单位：苏州拓普建筑设计有限公司
施工单位：苏州昆仑绿建木结构科技股份有限公司
生产单位：苏州昆仑绿建木结构科技股份有限公司

一、项目概况

　　项目位于苏州吴中区胥口太湖度假区，占地面积 2.4 万 m²，建筑面积 3.9 万 m²，容积率 1.09，绿地率 37.02%。3 栋多层公寓的围护结构采用木骨架组合墙体，12 栋低层住宅采用装配式轻型木结构，采用木骨架组合墙体、轻木组合楼盖、轻型木桁架、成品胶合木梁等构件现场装配完成。项目荣获江苏省勘察设计行业协会优秀设计奖、2018 年度江苏省优质工程奖"扬子杯"、2019 中国木结构优质工程奖银奖。

项目实景鸟瞰

多层住宅实景

会所别墅实景

独栋别墅实景

二、建筑设计

项目包括 1 栋多层服务式公寓、3 栋多层公寓、12 栋独栋别墅和 3 栋大公馆别墅。具体为：① 1 栋多层服务式公寓含 90 余套公寓，建筑面积 69~90 m²，为钢筋混凝土结构，采用木结构围护，太阳能热交换新风系统，全屋地暖，智能公寓系统。② 3 栋多层公寓，其中 1 栋是一层一户的大平层，四房户型，建筑面积250~280 m²；另外 2 栋是 90~100 m² 的两房和 160~180 m² 的四房户型。多层公寓均为木结构全装修电梯房，采用全屋地暖、空调、新风 PM$_{2.5}$ 过滤，全屋智能化系统。③ 12 栋独栋别墅，建筑面积 500~700 m²，为全木结构，附带电梯井，绿地面积每套 350~660 m²。④ 3 栋大公馆别墅，建筑面积 1 000~1 370 m²，分为地中海式、法式、日式风格，为全木结构，绿地面积 980~1 400 m²。

别墅室内实景

三、结构设计

全木结构别墅各单体高度约 12 m。地下一层为混凝土地下室，地上三层为轻型木结构，大地库顶板作为上部结构的嵌固端。基础形式采用筏板基础。

轻木别墅屋面搁栅采用 Mitek 软件拆分设计，形成材料规格清单，在工厂加工成成品桁架。安装时，用屋面板及临时支撑，在地面上将 3~5 榀桁架组合成一个拼装单元整体吊装。屋面结构采用 OSB 板，防水层采用 4 mm 厚 SBS 防水卷材，现场作业。

地下部分采用混凝土现浇楼梯，地上部分采用轻木结构楼梯。阳台栏杆采用金属栏杆，栏杆及玻璃栏板在现场统一安装。

项目外景

四、创新点

1. 绿色生态的科技住宅

项目引进八大整体智能绿色系统——呼吸墙体系统、健康净水系统、超节能门窗系统、PM$_{2.5}$过滤系统、全屋地暖系统、中央吸尘系统、主动式智能家居管理系统，极大地降低了建筑能耗。

项目通过八大整体智能绿色系统为住户提供低碳环保的智能生活，不仅能够有效减少家庭能源开支，更将舒适、便捷、时尚的居住体验融入每一个住户的生活中。

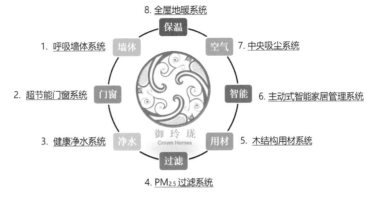

八大整体智能绿色系统

2.BIM 技术综合应用

在设计过程中，通过可视化设计、碰撞检查、性能化分析、协同设计、管线综合等实现 BIM 全过程管理。在生产过程中，在车间对主要模块进行预制生产。在安装阶段，采用现场快速拼装的集成生产模式，极大地提高了木结构建筑的施工速度和施工现场的工作效率，相比于常规施工节省工期超过 50%，造价节约 20% 以上。

▶ 乡村住宅悦慢小筑

项目地点：江苏省常熟市碧溪街道
设计单位：苏州拓普建筑设计有限公司
施工单位：苏州昆仑绿建木结构科技股份有限公司
生产单位：苏州昆仑绿建木结构科技股份有限公司

一、项目概况

项目位于江苏省常熟市，建筑面积 294.3 m²，地上三层，结构形式为混凝土–木结构，其中一层为混凝土框架，木结构填充，二层、三层为装配式木结构，建筑檐口标高 9.3 m。

项目夜景

二、建筑设计

项目造型设计考虑与周边自然村落相融合，取传统院落文化精粹，将土地以庭院的形态有效分割至每一户，将其围合出独门私院的隐逸空间。设计理念意为将人们对自然生活的美好向往寄托于木材固有的生命质感中，用简单初衷造就不简单的温暖，构筑温馨的家。

项目周边环境

　　平面功能布局在乡建规划占地尺寸 11 m×12 m 范围内，设计适当留白，采用凹凸的进退手法布局，在功能空间中最大限度满足采光和舒适流线：一层布置一间卧室，作为老人的休息空间；二层布置三间卧室和一间起居室，并配置一个小的共享空间，加强一、二层的互动性；三层为主人房，并配置一个景观露台，让主人在一天繁忙的工作后有一个与自然环境互动的空间。建筑户型满足四世同堂家庭，既有每代人的私密空间，又有家人团聚共享美好的氛围。

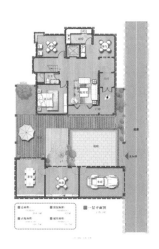

平面布置　　　　　　　　　　　　　　　　　　外立面

项目实景

三、结构设计

项目为混合木结构，基础部分为混凝土框架体系；地上三层采用装配化轻型木结构体系，主要包含以下构件：墙体、楼面、屋面桁架、楼梯、阳台栏杆等。设计师采用手算和Mitek软件进行计算，将墙体设计为剪力墙，墙内柱用SPF（云杉–松木–冷杉）标准墙骨柱拼组，坡屋面采用三角形轻木桁架，电梯井采用混凝土结构。

采用预制化生产、快速拼装技术，实现墙体、屋架工厂化预制，五金连接件、门窗、装饰构配件等加工—采购配送—现场快速拼装的快装式木结构连接系统，不仅能够节省现场施工时间和成本，也能够有效减少现场建筑垃圾。

项目屋盖和墙体空间填充保温材料以达到良好的保温效果，屋面和墙面铺设防水材料以满足防水、防潮要求，室内墙板采用石膏板以满足防火要求。项目采用小尺寸规格材和钉连接的轻型木结构，多条荷载传递通路使其具有较高的结构安全冗余度，在地震和强风作用下结构安全性能高，经久耐用且能够满足业主对环保和舒适的要求。

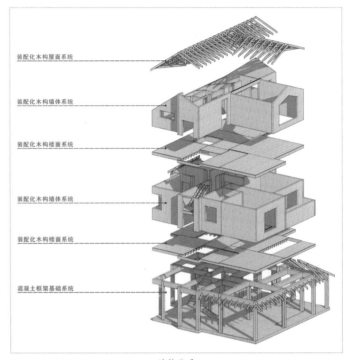

装配化木构屋面系统

装配化木构墙体系统

装配化木构楼面系统

装配化木构墙体系统

装配化木构楼面系统

混凝土框架基础系统

结构体系

四、创新点

（1）项目装配化构件采用模块化的参数进行设计，由工厂完成墙体和屋面的智能制造，经由快速的物流通道到达现场，现场仅需极少的时间完成建筑的整体搭建，极大地节约了现场的施工周期。

（2）项目集成应用多种绿色建筑适宜技术，包括太阳能光伏发电系统、太阳能供热系统、节水系统、污水处理系统、雨水收集及回用系统等。

▶ 江苏城乡建设职业学院培训中心

项目地点：江苏省常州市钟楼区
建设单位：江苏城乡建设职业学院
设计单位：江苏城建校建筑规划设计院
施工单位：常州市神州园林建设有限公司
生产单位：江苏城乡建设职业学院

一、项目概况

项目位于江苏城乡建设职业学院培训中心，建筑面积 592 m²，地上二层，为轻型木结构，是中国第一个木结构近零能耗示范项目，被列入"十三五"国家重点研发计划项目 "近零能耗建筑技术体系及关键技术开发" 示范工程。

项目外景

二、建筑设计

项目功能是接待来访学校宾客的酒店，含8套客房。建筑主体结构为2层轻型木结构，仅在大厅和入口处采用了胶合木结构框架。

项目基础为钢筋混凝土条形基础，在钢筋混凝土地圈梁上设预埋螺栓，与上部主体木结构连接。轻型木结构主要材料为进口加拿大SPF规格材、胶合木及定向结构刨花板。主体结构均为全木框架结构，屋盖为铝镁锰金属瓦屋面，内装部分基本为石膏板墙面，外饰面为外墙涂料、木质挂板和干挂石材。

设计鸟瞰

南立面效果

项目的设计目标是在满足《近零能耗建筑技术标准》的前提下，发挥轻型木结构的节能优势，通过合理的外围护结构设计和热回收新风系统等节能措施应用，降低建筑能耗并兼顾成本控制。同时，项目在设计阶段为可再生能源的利用预留足量安装位置，在满足现阶段可再生能源利用率10%的前提下，为未来达到零能耗建筑做准备。

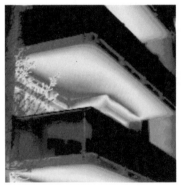

混凝土结构的热桥现象

Most Heat Loss ← → Less Heat Loss

木结构的热桥现象

项目建成实景

三、结构设计

入口及大堂部分采用胶合木框架结构，其余部分为轻木结构。大堂面宽 7.8 m，进深 3.9 m，两层通高 6.9 m。

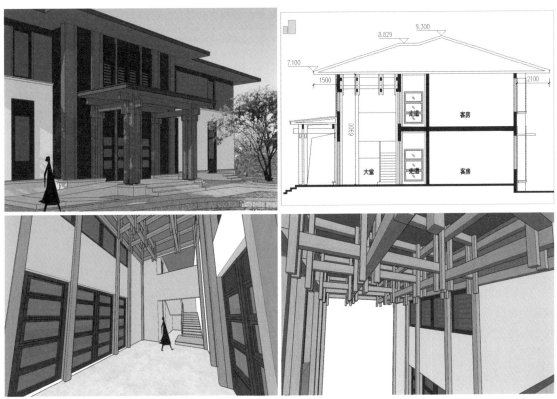

入口大堂胶合木结构设计

项目地面以上主要结构材料有层板胶合木、SPF 规格材以及 OSB 板。层板胶合木主要用于制作框架梁、柱。所有胶合木构件均在工厂预制完成，现场拼装。SPF 规格材主要用于制作剪力墙、楼板及屋面。所有规格材在工厂进行断料钉接制作成成品的板式构件，再运输至现场进行拼装。屋面为 SPF 木桁架，也由工厂预制完成，运输至项目现场进行安装。项目的墙体和屋面桁架都采用了工厂预制和现场拼装的施工工艺，大大缩短了主体结构的建造时间，节省了人工和资源。

预制墙体吊装

预制木桁架

四、创新点

（1）每根构件均在BIM模型中设计完成，根据施工图及BIM模型绘制出单独的加工图，工厂对其进行精细化加工。外围护木骨架组合墙体为工厂全预制，在现场仅需将墙体整片吊装于相应位置并与预埋在基础导墙上的地脚螺栓固定。预制装配率达83.5%，满足装配式建筑综合评定等级三星级要求。

装配式施工现场

（2）项目为达到近零能耗建筑标准，提高气密性施工要求，设置中央空调系统、新风系统和太阳能光伏供电系统。在实现高水平节能性能的同时，不牺牲居住者健康与舒适及建筑的耐久性。

（3）在项目运营阶段，建筑物中布置的各类传感器将不间断地采集室内环境数据，包括温度、湿度，以及木材含水量。通过对这些数据的搜集和分析做到对项目后期该栋建筑的健康监控。

太阳能光伏安装

▶ 南京老住宅平改坡

项目地点：南京市鼓楼区、秦淮区、栖霞区、玄武区、六合区
建设单位：南京市各区住建主管部门、教育主管部门
设计单位：江苏东方建筑设计有限公司
生产单位：江苏大元国墅投资有限公司

一、项目概况

居民楼、校舍等平屋顶的既有建筑易出现渗漏，且顶层存在"冬冷夏热"的问题，能耗大幅增加。通过平改坡可有效解决屋顶漏水的问题，在保温、隔热方面也可起到很好的作用，有效降低能耗。

南京老住宅平改坡项目分布于南京市各区，为有效提升南京老住宅居民居住舒适度，采用木桁架屋盖系统进行屋顶改造，改善屋顶渗漏现象，有效降低居民建筑能耗，同时美化了建筑物外观，给老住宅以崭新的面貌。

二、创新点

项目采用轻型木结构桁架、竹制胶合板、机制瓦等主要材料，结构轻便，对既有建筑结构的负荷较小。项目木材是可再生资源，对环境影响较小，木结构构件作为一种预制化构件，现场施工快速精准，可最大程度地降低对老住宅居民生活的影响。

项目实景

◎ 南京小西湖街区三官堂遗址保护性设施

◎ 南京老门东芥子园景观工程

◎ 徐州回龙窝历史街区改造工程

◎ 南京李巷村老建筑改造工程

◎ 苏州广济路民丰里 3 号木结构古建筑

09

历史文化建筑
改建修缮

▶ 南京小西湖街区三官堂遗址保护性设施

项目地点：江苏省南京市秦淮区
建设单位：南京历史城区保护建设集团有限责任公司
设计单位：东南大学建筑设计研究院有限公司
　　　　　　南京工业大学建筑设计研究院有限公司
施工单位：江苏南通六建设集团有限公司
生产单位：南通佳筑建筑科技有限公司

一、项目概况

南京老城南小西湖街区占地面积 4.69 hm²，是南京市 22 处历史风貌区之一。留存历史街巷 7 条、文保建筑 2 处、历史建筑 7 处、传统院落 30 余处，是南京为数不多比较完整保留明清风貌特征的居住型街区之一。三官堂遗址保护性设施是其中一处文保和历史建筑修缮和保护建筑，为了更好地保护原建筑遗址，并与整体街区的风貌一致，采用了以胶合木为主体材料的现代木结构形式。

小西湖街区保护与再生的创新实践受到社会广泛的关注和好评，人民日报、新华社等主流媒体均予以宣传报道。

小西湖街区更新项目鸟瞰

三官堂建成实景

二、建筑设计

经过历史的变迁，小西湖街区的价值逐渐淹没于激增的人口和衰败的环境之中。改造前有 810 户居民和 25 家工企单位，居住人口 3 000 余人，人均居住面积约 10 m²。

改造前的小西湖街区环境

2015 年，南京市规划局发起了三所在宁高校研究生志愿者行动，探索保护与再生策略。经专家评审，确定由东南大学团队承担规划设计，南京历史城区保护建设集团负责项目实施。项目组在居民意愿和逐户产权调研的基础上，通过规划编制、政策机制、遗产保护修缮、市政管网、街巷环境、参与性设计建设等一系列创新性探索，形成多元主体参与、持续推进的"小尺度、渐进式"保护再生路径。目前已腾迁居民 443 户，保留原居民 367 户，搬迁工企单位 12 家；完成市政微型管廊敷设 490 m，街巷环境整治 3 180 m²，文保和历史建筑修缮 5 处，公共服务设施改造 9 处，消防控制中心 1 处，示范性居民院落改造 3 处，总建筑面积约 1.1 万 m²。

项目与城市周边道路

项目设计遵循"小尺度、渐进式、管得住、用得活"的基本理念，实现了小西湖街区整体保护、公共设施改造、活力激发、持续更新、合作共赢的多元目标，探索形成了四个主要的创新特色：

第一，整体覆盖的保护体系，覆盖了街巷网络、院落肌理、物质要素三个层类；

第二，张弛有度的规划方法，支撑了小尺度渐进式、合作共赢的可持续改造进程；

第三，因地制宜的设计策略，完成了"一户一策"的改造示范，创建了"微型管廊"技术；

第四，动态有序的参与机制，开辟了政府平台、社区居民、设计团队协同融合，调查研究、政策制定、规划设计、控制引导、市场运作多元互动的工作模式。

三官堂遗址保护性设施是小西湖街区保护与再生项目中的一栋单体建筑，位于南京老城南重要道观三官堂的大殿台基遗址之上，对其建筑遗址进行保护与展示。项目的典型性在于综合处理古建筑遗址、历史建筑、安全性能尚可的旧建筑、危旧房等各类既有建筑，并在有效保护的前提下使之适用于新的功能业态。

三官堂遗址挖掘现场

为了更好地保护原建筑遗址，上部木结构建造在下方的钢筋混凝土架空平台上，平台高 2.3 m。上部建筑平面尺寸为 19 m×12 m，采用了传统的双坡屋面形式，屋脊顶标高为 6.86 m，檐口标高为 2.93 m，屋面为铝镁锰直立锁边屋面。

屋架采用了胶合木的传统木屋架形式，屋架的坡度和形制均符合传统木结构的要求，只是采用了现代木结构的材料和连接节点进行建构。

三官堂项目建成后侧立面实景

三官堂建筑与周边建筑情况

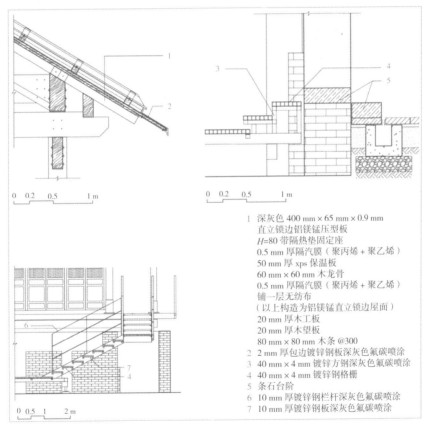

1　深灰色 400 mm×65 mm×0.9 mm
　直立锁边铝镁锰压型板
　H=80 带隔热垫固定座
　0.5 mm 厚隔汽膜（聚丙烯＋聚乙烯）
　50 mm 厚 xps 保温板
　60 mm×60 mm 木龙骨
　0.5 mm 厚隔汽膜（聚丙烯＋聚乙烯）
　铺一层无纺布
　（以上构造为铝镁锰直立锁边屋面）
　20 mm 厚木工板
　20 mm 厚木望板
　80 mm×80 mm 木条 @300
2　2 mm 厚包边镀锌钢板深灰色氟碳喷涂
3　40 mm×4 mm 镀锌方钢板深灰色氟碳喷涂
4　40 mm×4 mm 镀锌钢格栅
5　条石台阶
6　10 mm 厚镀锌钢栏杆深灰色氟碳喷涂
7　10 mm 厚镀锌钢板深灰色氟碳喷涂

三官堂建筑详图大样

三、结构设计

因在原建筑遗址上进行建造，要求结构的现场施工对原建筑的遗址做到最小的干预。因此采用了钢筋混凝土平台将上部的主体结构架空在下部遗址区域以上，并且上部的主体结构采用了现代木结构的建造方式，主体结构的自重较轻，且建造方式比传统木结构更加方便快捷。

胶合木柱的截面尺寸为 200 mm×200 mm，胶合木屋架的木梁截面按传统木构的尺度要求，截面为 270 mm×100 mm、240 mm×150 mm、300 mm×200 mm 等，梁上柱的截面为 150 mm×150 mm。屋架上设置主次木檩条，上方是铝镁锰直立锁边金属屋面。

木柱的柱脚采用了四周外套钢板的形式与下部混凝土结构平台通过预埋螺栓连接，与传统的铰接柱脚不同，该柱脚是具有一定刚度的半刚性柱脚，对于整体结构的刚度和稳定性均有较大的提高。

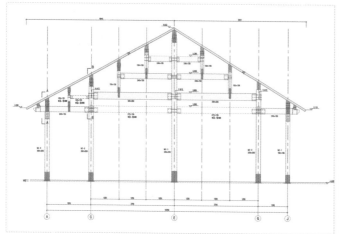
主体木结构立面

上部木结构与架空平台结构关系

主体结构完成后实景

四、创新点

（1）采用现代胶合木材料和建造方式来实现传统木屋架的形制。由于项目所处的特殊建筑环境以及对建筑遗址保护的要求，需要采用与传统建筑风貌更加接近，但建造方式更接近现代木结构的一种形式，屋面也采用了更轻的金属屋面，使整个结构的重量大大减小，建造方式更加灵活，有利于对下部建筑遗址的保护，并使整个建筑的风貌与整体街区趋向一致。

（2）对现代木结构实现传统木屋架形制的结构体系进行了探索，对柱脚节点进行了改进和创新，采用了具有一定刚度外包钢板的柱脚节点，从而使整个结构体系更加稳定可靠。

▶ 南京老门东芥子园景观工程

项目地点：江苏省南京市秦淮区
建设单位：南京城南历史街区保护建设有限公司
设计单位：东南大学建筑设计研究院有限公司
施工单位：广西建工集团第五建筑工程有限责任公司
生产单位：广西建工集团第五建筑工程有限责任公司

一、项目概况

老门东位于南京市秦淮区中华门以东，因地处历史上的南京城南门（即中华门）以东，故称"门东"，与老门西相对，是南京夫子庙秦淮风光带的重要组成部分。门东是南京传统民居聚集地，自古就是江南商贾云集、人文荟萃、世家大族居住之地。但几经更迭，逐渐破败，为再现老城南的历史原貌，南京市于2010年开始复建"老门东"，复建后的核心区域于2013年9月开始正式对外开放。

老门东历史文化街区项目南起中华门东段城墙、西抵内秦淮河东岸、北至长乐路、东至箍桶巷，总占地面积约15万 m^2。街区是在保留大量历史建筑和文物保护建筑的基础上，将老厂房改建成南京书画院、金陵美术馆、老城南记忆馆等"一院两馆"，建设民居式精品酒店和时尚活力街区，引入名人工作室、百年老店、文化娱乐、古玩会所等，成为集历史文化、休闲娱乐、旅游景观于一体的文化街区。

老门东芥子园景观工程位于复建后的老门东历史文化街区东北角，是对清初名士李渔著名的私家园林芥子园的复建项目，是老门东历史文化街区的重要组成部分。项目荣获教育部2019年度优秀工程勘察设计传统建筑一等奖、中国勘察设计协会2019年度行业优秀勘察设计优秀传统建筑设计三等奖。

项目建成鸟瞰

二、建筑设计

历史上芥子园的规模约为 2 000 m²，其中房屋建筑占据了三分之一约 700 m² 左右，余下的部分主要是山石、池塘、渠水与路径等景观，本次复建即以上述基本格局和比例为依据。

景观设计与格局布置结合考虑重建后的芥子园整体功能的发挥与利用，包括演出、布展、陈列、观赏、游览、休闲、创作、出版、图书与艺术品经营等。园内建筑重点围绕园中的"一山（小山与假山）和一水（池塘与渠水）""一动（演出与观看场所）和一静（编辑出版与书画展示经营场所）"的布局与功能来规划设计。

园内建筑以一层为主，局部二层（书铺、见山楼等）。

建筑总平面

历史画卷中的芥子园鸟瞰

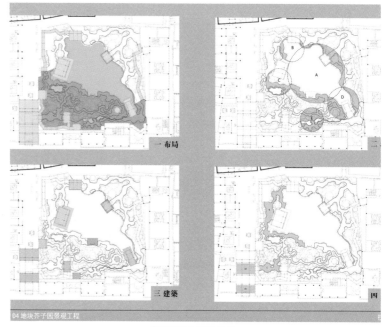

建筑布局及营造机理

三、结构设计

单体建筑以若干传统木结构的形式点缀于整个园林建筑中，包括宅门、过厅、见山楼、歌台、秋水亭、来山阁、浮白轩、月榭等。

建筑以传统木结构为主，层数为一层或二层，建筑屋面为传统的两坡硬山屋面和四坡歇山屋面，部分亭子采用了四角或六角攒尖顶。屋面为传统的小青瓦屋面，与周边老门东重建的建筑群融为一体。

木柱以直径 250 mm 左右的圆木柱为主，固定在石质的柱础上，屋面的木梁为方木，依照传统形制，均为实木，屋面檩为原木，直径为 180 mm。

四、创新点

严格按照历史画卷中芥子园的布局，遵循李渔园林建筑美学思想与理念，最大限度按照历史上金陵芥子园的建筑风格、风貌、景观与格局加以营造复建，在此基础上完善与之配套的建筑设施，使 340 多年前金陵最著名的私家园林得以重现，并成为国内私家园林重建的典范。

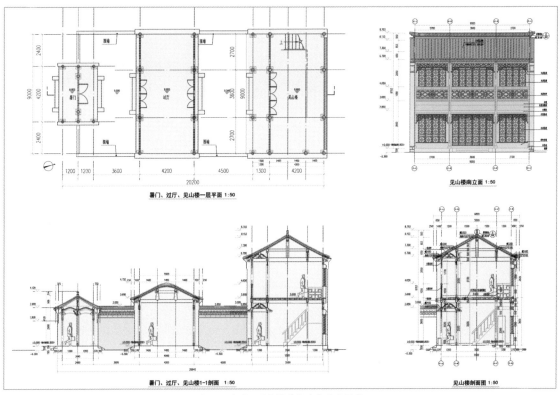

宅门、过厅、见山楼单体建筑平立剖面

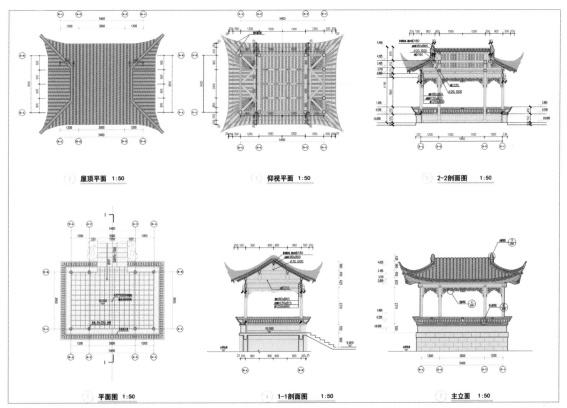

月榭单体建筑平立剖面

▶ 徐州回龙窝历史街区改造工程

项目地点： 江苏省徐州市云龙区
建设单位： 徐州市新盛投资控股集团有限公司
设计单位： 中衡设计集团股份有限公司
施工单位、生产单位： 苏州太湖古典园林建筑有限公司
　　　　　　　　　　　　江苏江都古典园林建设有限公司
　　　　　　　　　　　　常熟古建园林建设集团有限公司
　　　　　　　　　　　　常州兴业古典建筑园林建设有限公司

一、项目概况

　　项目位于徐州市解放路西、建国路北，徐州户部山历史街区北侧。改造后的功能为特色历史商业文化街区，带动周边整体历史文化氛围。总建筑面积约 2.3 万 m²，层数为地上 1~2 层。

　　项目荣获中国勘察设计协会 2019 年度行业优秀勘察设计二等奖、江苏省勘察设计协会 2019 年度江苏省城乡建设系统优秀勘察设计一等奖、2020 年度江苏省第十九届优秀工程设计一等奖等奖项。

与城市的肌理关系

二、建筑设计

　　回龙窝区域历史上为清代徐州府南的民居聚集区，形成时间逾越两百年。但因城市发展中无序的加建、拆除而变得残破。项目旨在恢复回龙窝街区的历史文化风貌，重寻城市的记忆，重新架构徐州古城的历史肌理。

1. 设计原则
文化延续：对原有街区代表的地域文化进行保护和延续；

功能提升：加入新的城市功能，提升地块品质；

肌理整合：依照原有城区，合理改造旧有街区道路，整合城市肌理；

生态节能：用生态的理念进行保护改造，使能源使用效能最大化；

城市复兴：塑造新的有历史感和地方感的活力场所，带动城市发展。

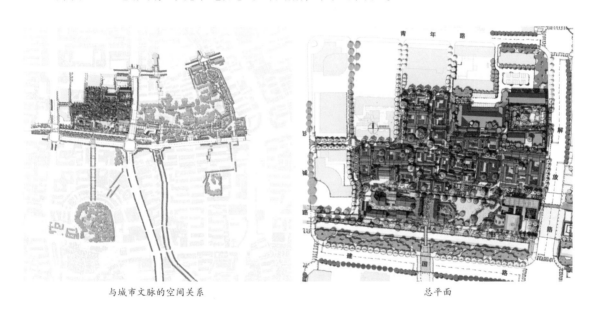

与城市文脉的空间关系　　　　　　　　　　　　　总平面

2. 规划设计思路
　　（1）以回龙窝街区为中心，古城墙遗迹为轴，连接起户部山历史片区、快哉亭公园、耶稣圣心堂，以及李可染故居等周边历史文化要素。

　　（2）以古城墙遗址为线索，发掘古城墙轨迹，将城墙的景观面打开，铺陈关于古城墙的故事，并以大墙演绎作为空间操作之主要构想，借由城墙的地理痕迹串接起多样的城市活动，开创城市文化活动新节点，成为兼具实质及人文意义的城市绿肺。

　　（3）以历史街区原有的肌理为依据，梳理片区内空间关系，尽可能恢复原有的空间尺度关系。以原有巷弄空间意象与氛围来打开历史的记忆，再次述说城市的邻里故事，找回那亲切而熟悉的感动。

　　（4）以徐州传统民居形式为母题，在尊重回龙窝原有结构关系的基础上，根据现代使用功能灵活组织院落和建筑布局，丰富街区的趣味性，保证传统街区的视觉和感官效果。

3. 建筑设计思路
　　为了对徐州原有街区的地域文化肌理和风貌进行有效的保护和延续，街区里的单体尽可能采用徐州当地的传统木构做法和立面形态，对风貌肌理、建筑形态乃至传统工艺进行现代意义层面的延续和传承。

街区肌理

屋面肌理

三、结构设计

在项目之初设计团队就从基地周边开始往外调研和走访，了解整个徐州的历史建筑分布以及徐州传统民居的特点，并与当地院校以及相关部门进行合作，共同研究、归纳、分析后明确了项目木构建筑的梁架格局与木构节点类型。

徐州地区传统民居的梁架结构具有鲜明的地域特色，是徐州传统民居中特有的文化基因。其常用的梁架体系主要有两种：一是传统的北方抬梁结构，二是"金字梁架"体系。除厅堂等重要建筑使用抬梁结构外，其他房屋基本使用"金字梁架"结构或"金字梁架"与抬梁的混合结构。因此，街区内新建木构建筑的大木构架形式基本以上述常用形式为主。

（1）抬梁体系是我国古代木构建筑主要的结构体系之一，基本用于等级高、体量大的房屋及楼厅，其基本形式为柱上搁置梁头，梁头上搁置檩条，梁上再用矮柱支起二梁、三梁，如此层叠而上。除在厅内使用外，街区内轩廊部分也采用了抬梁结构。

（2）"金字梁架"则是现存徐州乃至徐淮沂地区最具地区特征的梁架结构体系。"金字梁"因其屋架部分的轮廓和形式类似于汉字的"金"字而得名，其典型特征是使用平行于两坡屋面的两根大斜梁形成"人"字形交叉，檩条均落于斜梁之上，斜梁或脊童柱承脊檩，其中间采用瓜柱（童柱）相连接，檩条下采用木垫块以防止松动，檐柱（或金柱）顶放置大横梁，进而形成结构稳固、承重力强的三角形梁架结构。

两根交叉大斜梁和脊童柱之间的连接节点也有两种做法：一是两根交叉大斜梁榫卯连接，脊童柱柱顶截面减小，插入斜梁，近似于柱顶铰接；二是脊童柱升至屋顶，直接承载脊檩，大斜梁则插入童柱，近似于斜梁与脊童柱之间铰接。有了大斜梁的参与，所有的内力分布都与普通抬梁式结构不同了，总体来说，构件截面均有不同程度的减小。童柱和小横梁的存在，更是有效减小了大斜梁的尺寸，使得能够以小尺寸木材建造民居。

金字梁架的结构原理类似现代的三角桁架结构：大斜梁参与屋架承重，并成为主要承重构件，承受所有檩条的荷载，并产生侧推力（侧推力中的竖向分力直接作用于柱顶或墙顶上，其横向分力的方向和大横梁的轴线方向重合，大横梁的截面有明显减小。故徐州本地有"穷梁富叉手"的说法。其余的小横梁、上下童柱等基本是零杆，主要起增加结构稳定性的拉结作用，故断面均很小。

根据东南大学建筑学院李新建教授的研究推断，金字梁架是中国早期古建筑特征及其演化过程的"活化石"。金字梁架的源头是中国古建筑早期的"大叉手"结构，将大斜梁断裂为各檩之间的叉手和托脚的话，金字梁架和现存唐代遗构的梁架形式十分接近。内部小的斜梁转化为童柱以后传到大横梁上的力不再集中到跨中，趋于分散，这也减小了大横梁的弯矩。除了金字梁架外，斗栱、生起、屋脊等的传统技艺也表现出强烈的地方特色。

抬梁结构　　　　　　　　　　金字梁架结构　　　　　　　　　多重插栱挑檐

四、创新点

伴随着城市化进程的日益推进，现代城市都将面临城市的更新，新建建筑对老城历史建筑的侵蚀日益严重。关于传统建筑的再设计需要设计师发挥无尽的能量去挖掘城市的历史和人文因素，并将这些有利因素联系起来，整合成一股强大的精神力量呼唤人们对历史建筑的关注，使人们从中得到历史和知识的熏陶，建构起强大的社会力量来保护和利用历史建筑；使历史街区得以焕发新的活力，作为文化的载体继续延续和传承。

▶ 南京李巷村老建筑改造工程

项目地点：江苏省南京市溧水区
建设单位：南京溧水商贸旅游集团有限公司
设计单位：东南大学建筑设计研究院有限公司
施工单位：江苏宁强建设有限公司
生产单位：江苏见竹绿建竹材科技股份有限公司

一、项目概况

  南京李巷村老建筑改造项目建筑面积约 9 297 m^2，分为红色旧居改造、红色街区建筑改造、溧水人民抗日斗争纪念馆、游客中心、红色青年旅社和红色餐饮建筑六个部分，建成后已成为乡村旅游热点和红色教育基地。

  项目荣获第五届"紫金奖·建筑及环境设计大赛"职业组金奖、江苏省优秀工程设计一等奖、2020 年度第十四届江苏省土木建筑学会建筑创作奖（乡村类）一等奖、第十届中国威海国际建筑设计大奖赛优秀奖、2020 亚洲建筑师协会建筑奖荣誉奖、香港建筑师学会 2019 建筑设计大奖银奖、中国建筑学会 2017—2018 年度建筑设计奖·田园建筑专项三等奖、第十届中国威海国际建筑设计大奖赛优秀奖。

项目建成实景

项目建成鸟瞰

李巷村由于靠近城市，近年来人口流失严重、空心化明显。为了给村民创造回乡工作的条件，建筑设计抓住李巷村的蓝莓种植产业，以及一些历史事件、历史名人旧居，作为振兴乡村的亮点，以此吸引游人前往体验，同时利用村中老建筑群改造为其提供展销和文创旅游的场所。

二、建筑设计

为了营造出"主客共享"乡村新公共空间，改造中针对村中心原本闭塞、消极的死角空间，在其自然空间肌理上进行了梳理与优化设计，塑造出一条新的村巷空间，新游客和旧村民共同使用这个场所。为了唤起游客的"乡愁感"和村民的"自豪感"，设计中"封存"了原有建筑立面，并对室内通过现代化的建造技术，进行安全以及舒适性的改造，营造出的"新民宅"赢得了游客的认同，同时也吸引村民进行效仿建造。

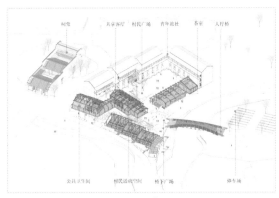

项目整体布局

项目创意阶段建筑师手绘草图

    在建造技术上，并没有拘泥于地方传统建筑样式，而是从乡土建造中汲取灵感，使用现代技术手段进行加工建造，提升乡村建筑品质，推动了乡村建造技术的提升。胶合竹木材与钢构件的组合运用实现了小尺寸结构杆件在乡村建设条件下的安装可实施性，并利用小尺寸结构构件形成室内大空间。

木结构凉棚夜景

木结构凉棚营造的共享空间

保留及修缮的木结构建筑

三、结构设计

项目以新建、复建和保护性修缮为主，其中新建和复建建筑的结构形式以传统木结构和现代木结构为主。红色旧居改造部分大量采用了单层传统木结构建筑，建筑造型为木屋架形成的双坡屋面；新建建筑中的多功能厅及餐厅等公共部分采用了胶合竹木结构，屋面为三角形木桁架或"人"字形木屋架。

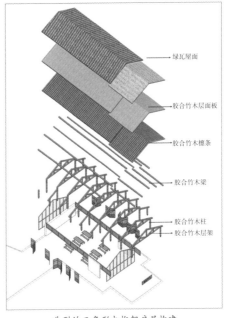

绿瓦屋面

胶合竹木层面板

胶合竹木檩条

胶合竹木梁

胶合竹木柱
胶合竹木层架

典型的三角形木桁架房屋构建

三角形木桁架构建的多功能厅屋顶

项目施工建造过程

四、创新点

（1）在乡村改造中大量采用传统木结构和现代木结构，并用现代建造技术和传统建筑材料对乡土建筑进行改造和提升。

（2）探索了一种在中国城市近郊乡村公共空间中建设的营造方式，既实现了乡村建造现代化，又不抹杀乡村建筑的文化特征，体现了对乡村改造的当代思考。

▶ 苏州广济路民丰里 3 号木结构古建筑

项目地点： 江苏省苏州市姑苏区
建设单位： 苏州市广济茶糖酒副食品商贸有限公司
设计单位： 中亿丰建设集团股份有限公司
施工单位： 中亿丰建设集团股份有限公司
　　　　　　 中亿丰古建筑工程有限公司
生产单位： 中亿丰古建木材加工厂

一、项目概况

　　项目为多个建筑单体组成的古建筑群，其中包含移建古建筑老宅、楼厅，新建偏厅，新建水轩、廊、水廊。新建项目占地面积 2 460 m²，建筑总面积 1 258 m²。主楼移建古建筑老宅，据考证其主体木结构为明代初期建造而成。项目整体建筑群檐口最高高度 7.8 m，屋脊最高高度 10.65 m，马头墙最高高度 10.84 m。项目荣获 2021 年江苏省建筑产业现代化示范工程。

老宅门厅实景

东、西花园室外园林景观

项目建成后实景

二、建筑设计

新建项目位于山塘街历史文化街区，紧靠苏州市文保建筑新民桥雕花厅及控保建筑许宅雕花楼，需进一步加深对地块历史建筑肌理的研究，厘清现状建筑与周边环境的变迁和延续关系，为新建项目的总体布局提供依据。

进一步优化建筑形制和空间尺度，使新建建筑风貌与大运河保护区内传统建筑历史风貌相协调；考虑到新建建筑与许宅的距离，同时凸显出许宅的核心地位，适当降低了地块新建建筑屋脊高度；严格控制西南角遗产区内的建筑体量，布局形式以园林小品建筑为主。

项目周边文物建筑

新民桥雕花厅南侧

许宅东侧山墙　　　　　　　许宅东侧马头墙及临时封路堵花窗　　　　　　许宅东侧开窗

原地块状况及建筑布局分析

原地块建筑物较为拥挤，新建项目基于江南水乡的角度，对应山塘河景，增设了东、西花园，结合苏式园林的假山水池、连廊、水轩等，营造出空间上的自然美感，在移步换景中给予人体以空间开阔的舒适感。

设计采用移建老宅的方式对山塘街历史文化街区地块进行补充，形成"山塘雕花楼古建筑群"后，进行公共开放、观摩展览和综合使用。

从保护文物建筑的角度出发，设计施工过程遵循"不改变文物原状""最低限度干预"的原则，最大限度地保留原有结构构件和地块历史信息。在满足结构承载力的基础上，尽可能多地保留原始构件，遵循传统施工工艺；同时，针对破损构件的修复，采用专业的古建筑修复、做旧工艺。

三、结构设计

项目中的三进式移建老宅结构形式复杂，为徽派传统木结构古建筑，且因建筑历史年代较长，在发现时仍处于无保护措施状态，屋面和山墙全部缺失，门窗等构件被拆除后散乱堆放；主体木结构也因疏于保护，部分构件破损，无原始工程资料。

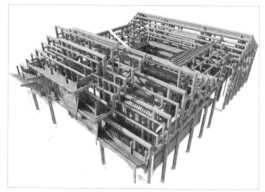

移建老宅原始状态　　　　　　　　　　　主体木结构 BIM 模型

　　建造过程中积极使用现代技术措施，遵循数字化建造来贯穿古建筑建造全生命周期，通过无人机和激光扫描仪，对古建筑老宅进行整体数字化保存及比例确定，精准获取老宅建筑数据信息，作为设计模型依据，运用参数化设计及应力仿真分析，解决纯木结构的设计复原问题。

　　项目保留了移建老宅徽派传统建筑风格，以造园师的角度增设了老宅两层备弄结构，符合古代建筑原始的使用功能布局，同时也保留移建老宅主体结构木材中梁、轩等整体木雕的原始状态，仅做表面防腐防火涂料涂刷。

　　由于该项目为老宅移建古建筑，涉及拆卸、运输、现场拼装等施工过程，这样的纯木结构古建筑拆卸过程难免会对榫卯节点有所影响，木结构本身的塑性也会导致拼装后有细部差别。按传统做法，自檩条部位开始拆除，从前厅至后楼分部拆除，这种拆除方法施工简便，适用于整体高度不高但结构形式复杂的木结构古建筑，节省机械、人工费用。

移建老宅前厅主体结构拼装施工实景

　　安装施工时，主体木结构采用装配式吊装施工，先地面放样试拼装，榫卯连接形成一榀榀框架，两台汽车吊同时作业，两两拼装，经微调后木销固定。过程中无需搭设内脚手架，采用传统工具进行现场搭接处理，方便且高效。

移建老宅主体结构及屋架结构拼装施工实景

外围护结构原先均采用木窗扇及槛墙，考虑到防火问题，现在两侧山墙位置采用徽派古建筑常用的封火墙。内部仍用仿古木隔扇作区域隔断，部分为原先拆除老旧木窗扇、板材；材料剩余破损不可以再次使用的，经过工厂加工，成品进行现场加工组装、做旧，实现了部品部件的装配化施工。

项目内部实景

在安装过程中由于部分荷载（屋面、二楼楼面）的增加导致木构件略有变形，结构设计采用了钢结构加固、碳纤维加固、换柱、增加支撑结构以及细部造型修补等方法来解决。同时为体现木结构古建筑的自然韵味，保留老宅历史气息，所有构件均未做大漆装饰，仅在木结构表面做两道防虫、防腐涂饰措施。

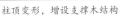

柱顶变形，增设支撑木结构　　　　　　　　装饰木结构替换修补

四、创新点

（1）移建传统木结构古建筑与山塘街历史文化街区古典风貌相匹配，同时又有所区别，各有特色，呈现了多元文化交融。作为"山塘雕花楼古建筑群"——江南古韵文化展厅对外开放，展现了姑苏古城的魅力。

（2）木结构古建筑异地拆除、安装，遵循传统榫卯结构营造规则，新增设备弄及瓦屋面、两侧砖砌山墙结构，通过钢结构加固、碳纤维加固、换柱、增加支撑结构、细部造型修补等方法对木结构腐朽、劈裂及影响受力结构性能的因素进行处理，使木结构古建筑焕发出新的生命力。

木结构建筑案例集

10

桥梁和
景观小品

▶ 胥虹桥

项目地点：江苏省苏州市吴中区
建设单位：吴中区胥口镇建设发展有限公司
设计单位：中铁大桥设计研究院有限公司 南京工业大学
施工单位：苏州香山工坊建设（集团）有限公司
生产单位：苏州香山工坊建设（集团）有限公司

一、项目概况

　　项目位于苏州市吴中区胥口镇，胥口是苏州经济重镇和环太湖旅游的集散地。美丽的胥口地处太湖之滨，穹隆山、香山、胥王山、姑苏山、灵岩山、五峰山葱茏苍翠，环抱四周，使胥口犹如一个"聚宝盆"镶嵌在太湖边。作为胥口镇打造的重点项目——欢乐胥江主题广场，是以塑造有胥口特色的休闲胜地、焕发胥口活力为目的而建造的一流大型市民休闲广场，欢乐胥江主题广场以及沿河风光带总占地面积约为 9 万 m²，主要为景观绿化和灯光工程。胥虹桥是连接山水画卷广场和香山舟舫广场的重要纽带，更是欢乐胥江主题广场中的特色与亮点，在整个广场景观中将起到画龙点睛的作用。

　　胥虹桥处的胥江运河河岸宽度约 60 m，航道等级为 VI 级，通航净宽为 45 m，净高 5 m，五十年一遇最高通航水位为 +2.7 m，常水位为 +1.32 m。胥虹桥全长约 100 m，主拱跨度 75.7 m，桥宽 6 m，桥轴线与航迹线夹角约为 23°。

　　项目建成时为国内单跨跨度最大的胶合木人行桥，开展了大型原位测试试验。

二、建筑设计

　　项目为人行景观桥梁，综合比较桁架拱、提篮拱、拉杆拱等形式后，最终采用了木结构桁架拱一跨过江的形式，造型简洁优美，与整个主题广场景观完美融合。桥梁主拱跨度 75.7 m，主拱矢跨比为 1 : 7.5，采用全截面防腐处理的胶合木构件，主拱考虑截面较大，为降低构件干湿变形影响，表面采用压痕处理。为利于桥面排水，设计双层桥面体系。整体结构采用钢夹板螺栓的形式将木结构各部件可靠装配，节点处外露的金属构件一方面体现桥梁厚重的质感，同时也更加利于桥梁后期的维护与保养。

项目实景

三、结构设计

桥梁上部结构采用桁架式木结构拱，横向设置两根主拱，主拱轴心间距 5.66 m，主拱截面为 0.34 m × 1.2 m，两主拱间横向设置横梁，横梁截面为 0.26 m × 0.8 m；上拱跨度 80 m，横向设置两根上拱，上拱间距 5.66 m，上拱截面为 0.34 m × 0.6 m，两上拱间横向亦设置横梁，横梁截面为 0.26 m × 0.54 m。竖杆和斜腹杆截面为 0.21 m × 0.34 m，所有杆件均通过钢连接板、螺栓和圆钢销等进行连接，螺栓及钢销等级为 8 级以上。

桁架式木结构拱受力性能好、传力途径明确。节点受力性能与实际工作状态的一致性是正常发挥结构性能的关键，连接节点设计是整个木结构设计中的重要组成部分。木结连接节点设计既要保证结构安全性、耐久性、经济性，又要兼顾其美观。项目典型节点设计包括拱脚节点、拱肋对接节点，拱肋、腹杆及横梁之间连接节点等。其中，拱脚节点设计为完全铰支座，在支座连接件和拱靴连接件之间采用销轴连接；拱肋对接节点采用专门的抗弯型木结构连接件；拱肋、腹杆及横梁之间连接件采用整体连接件。

木结构拱工厂加工

原位加载测试　　　　　　　　　　　　　桥梁建造

关于木桥人致振动引起的人体的不适，国内外还没有统一的指标，项目对照行标《城市人行天桥与人行地道技术规范》（CJJ 69）、欧洲 EN 1990：2002、EN 1995-2：2004 规范以及国际标准化组织 ISO 10137 对木桥的竖向振动频率和单人过桥、人群过桥、连续人流过桥、单人跑步过桥等工况进行峰值加速度分析，综合评估桥梁舒适性问题。

四、创新点

（1）建成时为国内单跨跨度最大的胶合木桥梁，也是首座跨越航道大跨度木桥。

（2）大跨曲线木构件加工会产生较大的回弹效应，项目通过研究成功将多段弧线木构件顺利拼接，相关技术成果为后续大跨木桥的设计与构件加工提供重要的技术支撑。

（3）在项目中对尺寸木构件及节点耐久性保障措施做了重要尝试，为类似室外大型木结构建筑的建造提供重要参考。

（4）大型弧形木构件的抗弯拼接节点的设计理论与安装、大尺寸拱脚插销节点构造、多角度胶合木构件连接构造等技术也是本项目的重要创新之处。

▶ 六合景观桥

项目地点：江苏省南京市六合区
建设单位：江苏南京六合新区建设发展有限公司
设计单位：南京工业大学建筑设计研究院有限公司
施工单位：南京工业大学
生产单位：南京工业大学

一、项目概况

项目位于南京市六合区，是六合大桥至雍六公路桥段沿滁河西岸环境综合整治修建的配套景点的一部分，功能为人行桥梁。桥梁总长 20 m，宽 3 m，矢高 3.6 m，矢跨比 1：5.5，是一座国内自主设计、加工制作的胶合木拉杆拱人行景观桥。

项目实景

二、建筑设计

桥梁连接河流两侧景观步道，采用天然木材建造桥梁，更加契合周围环境。所有木构件采用全截面防腐处理，为了使桥面更好地排水，将其设计为双层桥面体系，并在底层设置横向排水坡。木拱顶部连接节点处设计金属盖板，防止雨水渗入影响耐久性。

桥梁细部构造

三、结构设计

木桥采用拉杆拱自平衡体系，通过水平拉索抵消支座处的水平推力，传力途径明确，外形简洁，桥面人行荷载由纵梁传递给横梁，再由横梁通过吊杆传递给胶合木主拱，桥面纵梁之间设置交叉拉索，提高纵梁的稳定性与整体性。木桥设置两片平行主拱，为避免拱面外失稳，在拱间设置横向支撑杆。桥梁支座一侧采用聚四氟乙烯板，形成滑移支座，另一侧采用铰接支座。基础处由于不承担外推力，采用造价经济的混凝土独立基础。

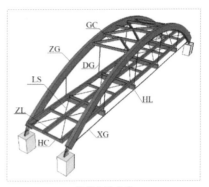

桥梁构造示意

桥梁构件规格

构件类型	构件截面尺寸
主拱（ZG）	210 mm × 500 mm
横梁（HL）	170 mm × 300 mm
纵梁（ZL）	130 mm × 250 mm
桥面拉索（LS）	D10 mm（镀锌钢丝绳）
吊杆（DG）	D20 mm（不锈钢杆）
系杆（XG）	D40 mm（镀锌钢丝绳）
拱横撑（GC）	75 mm × 150 mm
梁横撑（HC）	75 mm × 150 mm

胶合木均采用花旗松加工，所有木构件均经过专门的防腐、防虫及耐候处理。考虑到加工和运输方便，主受力拱在受力较小处断开加工，现场结合钢销、剪板、螺栓与钢板等配件进行拼接。

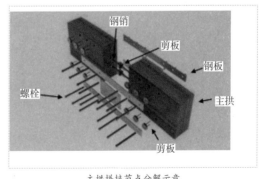

主拱拼接节点分解示意

四、创新点

（1）国内首座由高校结合科研成果自主设计、加工、安装的景观木桥。

（2）根据构件重要性的不同，桥面胶合木横梁采用竖嵌 2 道 CFRP（碳纤维复合材料）板增强，桥面胶合木纵梁采用了竖嵌 1 道 CFRP 板增强，提高了结构的安全余量；增强用 CFRP 板高度取 30 mm，厚度取 1.2 mm，与木梁之间采用环氧树脂碳纤维板胶黏结。

（3）全桥开展了原位加载试验，测试结果表明该木桥在承载能力、人致振动等方面均满足国内桥梁规范的要求。

▶ 汤山矿坑公园剧场配套设施

项目地点：江苏省南京市江宁区
建设单位：南京汤山建设投资发展有限公司
设计单位：东南大学建筑设计研究院有限公司
施工单位：中国建筑第八工程局有限公司
生产单位：江苏见竹绿建竹材科技股份有限公司

一、项目概况

　　项目建筑面积 371 m²，构筑物最高点 9.2 m，由地上一层建筑和 6 个伞状木构筑物组成，建筑功能为矿坑公园剧场配套设施，包括办公、宿舍、卫生间和多功能室等。项目建成后已成为矿坑公园中一道亮丽的风景，吸引了众多游客专程前来观光拍照留念。项目荣获 2019 年度第十三届江苏省土木建筑学会建筑创作奖二等奖、第十届中国威海国际建筑设计大奖赛优秀奖。

项目建成实景

二、建筑设计

项目地处南京汤山矿坑公园，紧邻公园内的重要活动举办地——矿坑剧场，该场地被用作音乐节等大型演艺活动的举办，建筑为其提供配套服务。

项目建成夜景鸟瞰

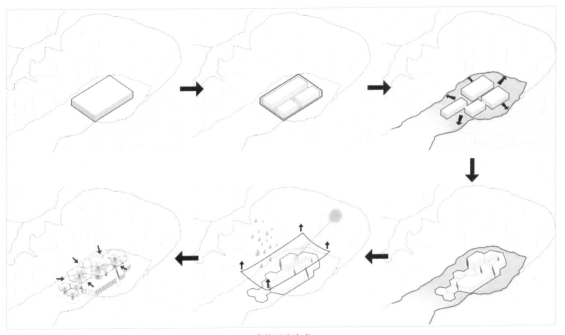

建筑形体生成

项目构思基于"庇护"的理念，通过一组胶合竹与膜的伞状结构的设置，为游人日常活动提供挡风遮雨的场所。胶合竹伞直径7~19 m不等，高度错落有致；建筑外向立面采用菱形镜面不锈钢与破碎的岩面相呼应，而建筑内向立面采用胶合竹材，给人一种温暖又安全的感觉。这种外虚内实、上遮蔽的空间形式，以及通而不透的流线组织，将原本一览无余的矿坑营造出具有野趣、丰富的空间序列，并利用伞的大尺度和构造的细部节点，放大场地的空间感，让人仿佛置身于昆虫的视角，从而重新唤起游览者对自然的敬畏。

伞状构筑物主要由伞冠、伞茎、基座三部分组成。考虑到风荷载以及光线、视线的因素，伞冠呈现上大下小的漏斗形，由 PVDF（聚偏二氟乙烯）膜、龙骨、不锈钢斗口构成，斗口固定在伞茎下部束柱之间的预留空间上端，并用雨水链将雨水引流至地面，烛台座形状的基础在杯口中预留排水管以排走雨水。伞冠采用具有 30% 透光率的膜材，呈现出一种"轻薄"的效果。

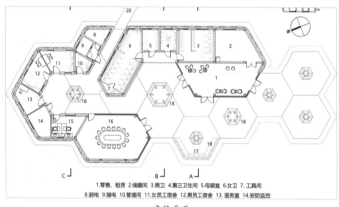

建筑平面

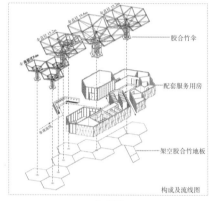

构建图

建筑正立面实景

高低错落有致的伞状木结构

三、结构设计

构筑物由 6 个伞状木结构组成，木伞顶部为正六边形，可以按其外接圆的直径来区分其平面尺度的大小。其中 3 个直径较小的伞状木结构顶部相互连接，形成了组合的受力体系，由于其直径和高度较小，木结构格构柱之间没有设置拉索。另外 3 个直径和高度较大的伞状木结构均为独立的结构。最大的一个顶部直径为 19 m、高度为 9.2 m，直径为 15.2 m 的木伞高度为 7.2 m，3 个直径为 7.6 m 的木伞高度为 5.0 m。

下面以直径为 19m 的木伞为例，木伞的主体结构采用了格构式分叉柱，底部 6 根木柱，呈放射状布置，轴线之间的平面夹角为 60 度，单肢柱截面下小上大，底部截面尺寸为 450 mm×200 mm，顶部截面尺寸为 700 mm×200 mm，各柱肢之间在高度中部和顶部均设环向构件拉结。其顶面主构件沿放射状布置，与环向和斜向次构件形成了三角形网格，构成了稳定的平面几何体系。顶面主构件为变截面木梁，根部与柱相交处截面尺寸为 700 mm×200 mm、端部收为 200 mm×200 mm。

木结构顶部固定膜结构的钢构件通过插板和螺栓连接，平面投影布置为细分的三角形网格，对木结构有一定的加强作用。后来在此基础上，又在顶面设置了平面汇交于中心点的六根拉杆，拉住了顶面木梁中间的转折处，约束住了其平面向外张开的趋势，使整体结构更加稳定。

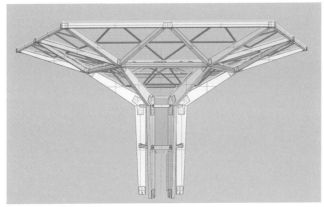

直径19 m木伞结构三维模型正视

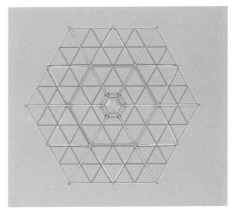

直径19 m木伞结构三维模型俯视

木柱与拉索组成的格构柱

拉索与木结构连接节点

施工过程

四、创新点

（1）创新木结构形式与周边环境的完美融合。

（2）胶合竹、拉索、膜结构共同组成的结构受力体系有效地解决了主体结构上大下小结构的抗倾覆问题，以及倒置木伞顶部的积水和积雪导致的超载问题。该结构经历了若干次台风、暴雪的考验，成为矿坑公园一道亮丽的风景线。

▶ 紫东国际创意园廊桥驿站

项目地点： 江苏省南京市栖霞区
建设单位： 南京钟山创意产业发展有限公司
设计单位： 东南大学建筑设计研究院有限公司
施工单位： 江苏见竹绿建竹材科技股份有限公司
生产单位： 江苏见竹绿建竹材科技股份有限公司

一、项目概况

项目建筑面积 335 m²，建筑檐口高度 3.15 m，屋脊高度 5.059 m，为采用现代木结构建造的景观小品类建筑。项目荣获 2020 年度亚洲建筑师协会建筑奖荣誉奖、第十届中国威海国际建筑设计大奖赛（国际建筑设计大奖赛）优胜奖。

项目建成实景

项目建成鸟瞰

二、建筑设计

项目位于紫东国际创意园园区内景观走廊东端，与主要景观广场相接，地形为林中洼地。基于树林洼地的地形特点，建筑被塑造成廊桥的形态，呈长条形布局，连接广场和树林另一侧的漫步道。

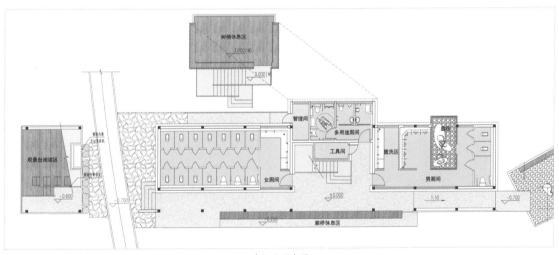

建筑平面布置

结合最基本的厕所功能设置有三个休息区。开敞的休息区朝向杉树林设置，使用者可面朝林下空间静坐冥思。眺望休息区设置成阶梯状，可供人观望坡下公园。阶梯侧方设置书架，使空间具有了阅读的功能。树梢休息区供人拾阶而上来到屋顶，与树叶近距离接触。建筑外墙大面积用镜面不锈钢蜂窝板覆盖，使得整个建筑在树林中仿佛消失了一般，只剩下悬浮的屋顶。

建筑与周边环境

建筑内部实景

三、结构设计

廊桥上部主体结构采用装配式胶合竹结构，其优势在于材料和钢节点都是在工厂生产、加工，保证了结构的准确性和精细度。现场采用吊装固定，快捷、高效，缩短了施工周期，也降低了施工成本。胶合竹在项目中主要用于柱、梁、椽子、望板、墙板、格栅等部位，可以说，装配式的现代木结构对项目的高完成度功不可没。

四、创新点

项目是在景观小品建筑领域进行精细化建造的一次探索实践，运用装配式现代木结构建造技术提高了项目的建造效率，减少了对环境的破坏。精细化的结构自身具备展示性，省去了二次装修的投入。

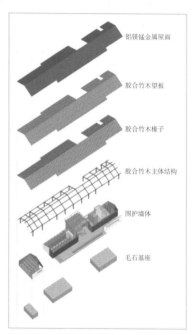

铝镁锰金属屋面

胶合竹木望板

胶合竹木椽子

胶合竹木主体结构

围护墙体

毛石基座

结构体系构成

建筑胶合木屋架结构

建筑完成后细部

▶ 河西鱼嘴湿地公园景观服务设施

项目地点: 江苏省南京市建邺区
建设单位: 南京市河西新城区国有资产经营控股(集团)有限责任公司
设计单位: 荷兰 West 8 设计事务所(公园整体方案设计)
　　　　　　江苏东方建筑设计有限公司(木结构专项设计)
施工单位: 南通四建集团有限公司、南京世业木结构科技有限公司
生产单位: 南京森研木业有限公司

一、项目概况

项目地处南京河西鱼嘴湿地公园最南端,位于长江、夹江和秦淮新河三水交汇处,拥有近 3 km 长的长江岸线,近千亩的长江漫滩湿地和大片原生态柳树林、杨树林,是南京观赏大江风貌、体验生态湿地的绝佳之处。

项目原为二层钢筋混凝土老旧建筑,采用现代木结构建筑技术更新改造,完成后为木 – 钢筋混凝土混合结构,建筑面积约为 700 m²,建筑层数二层,局部三层,建筑高度 11.6 m。

广场右侧的红顶建筑为(木结构)景观服务设施

二、建筑设计

设计原则遵循"自然之吻"的公园整体设计理念,使用环保可再生的木材作为主要建筑材料,将城市更新与绿色低碳、节能环保相融合,将木结构建筑与山水城林、生态环境相融合。

改造设施面朝视野开阔的白鹭广场,设计师放弃了传统的三角形屋顶方式,改为采用单向坡面的屋顶设计,面朝白鹭广场为低,寓意向整个鱼嘴湿地公园致敬。建筑立面采用表层经过特殊处理的木饰面与局部大理石墙面相结合的方式。围绕建筑物全面贯通了木质结构的风雨连廊。

（木结构）景观服务设施朝向广场一侧

（木结构）景观服务设施背向广场一侧

环绕（木结构）景观服务设施的风雨连廊

三、结构设计

实施改造项目时并没有加固包括原有建筑基础在内的结构体系，因此新增的所有非承重外墙和内隔墙放弃使用砖砌体，全部使用木骨架组合墙体。

新增加的楼盖同样采用平行弦桁架楼盖系统来代替钢筋混凝土楼面。

四、创新点

项目是国内较早地将轻型木结构建筑三大系统：轻型木桁架屋盖系统、平行弦桁架楼盖系统、木骨架组合系统化整为散，分别与钢筋混凝土建筑结合使用的工程实践案例之一。

实践证明，只要经过严谨的结构计算和力学分析，轻型木结构建筑体系（屋顶系统、墙体系统、楼面系统）的合理使用，不会对老旧建筑产生更多的结构负担，在城市更新项目中会有更大的推广前景。

▶ 濯水古镇蒲花龙桥

项目地点：重庆市黔江区
建设单位：重庆市黔江区旅游投资开发有限公司
设计单位：四川美术学院 南京林业大学阙泽利教授工作室
施工单位：苏州园林发展股份有限公司
生产单位：上海至众建筑科技有限公司

一、项目概况

重庆市黔江区濯水古镇为国家 AAAAA 级景区、国家级历史文化名镇，位于黔江区东南角，地处乌江主要支流阿蓬江畔，距黔江主城 26 km，是集土家吊脚楼群落、水运码头、商贸集镇于一体的千年古镇。

风雨廊桥是濯水景区标志性建筑和主要景观之一，本项目是连接蒲花河两岸的风雨廊桥西段扩建工程。《"蒲花龙桥" ——重庆濯水古镇风雨廊桥延长段设计》获第六届重庆市美术作品展览一等奖。

二、建筑设计

蒲花龙桥为地上两层，结构形式以木结构为主，钢结构为辅，基础为独立基础，分三跨，桥面总长 92.8 m，桥身高 12 m，塔楼高 14.3 m，建筑面积 1 294.4 m²。

三、结构设计

项目综合考虑结构安全性与地方建筑特色，采用胶合木实现对木材料的承重、跨度、成型上的突破。在设计中尝试复合材料与传统材料并用，对于跨度长的木结构廊桥，具有较好的借鉴性。

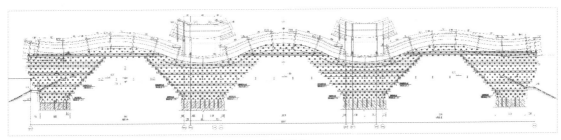

项目设计图

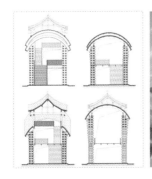

建造过程

四、创新点

接近 600 m 的分段跨河桥身均采用全木结构的设计，部分采用传统穿斗式重檐结构，在局部进行了木枋层叠结构设计，全段木结构从传统木构穿枋到层叠镂空的木枋铰接方式变化是结构设计中重要的转变。

造型演变的同时，结构体系的设计与之相适应。传统匠人将较短的木材通过原态（圆木）的加工形成特有的联排组合"拱"空间构架体系，这种体系在木拱桥梁中大力应用。在长达 92 m 的陆地廊桥中，桥面内空在 6~8 m，大跨度的木结构受制于材料性能和施工条件，并在节假日高峰期接待大量穿行的游客。排柱的框架结构难以适应弧面扇形顶部造型，结构上减少较为占地的柱网，并缩短内柱之间的距离，从而转向木结构的墙体支撑屋顶。将屋顶常用的"人"字形椽檩替换为成熟的胶合木材料，同时减少大跨度的普通木材后期的维护成本及变形隐患。龙桥段采用一种胶合木、钢结构混合廊桥结构，以同时具备钢结构的良好受力性能和木结构的观赏性。将整个支撑楼面与屋顶的结构体系设计为三组上大下小内空 600 mm 的倒梯形墙体，墙体由 250 mm × 250 mm 的方形木料横竖搭接间隔十字搭接构成。支撑体系包括互相平行的两个胶合木镂空墙体，两个胶合木镂空墙体均沿纵向延伸；桥身包括结构层和木质面层，木质面层固定在结构层顶部；结构层包括两个纵向钢梁和若干个横向钢梁，两个纵向钢梁分别固定连接于两个胶合木镂空墙体的中部，若干个横向钢梁均横向固定连接在两个纵向钢梁上。支撑体系作为屋面和桥身的承重结构，屋面和桥身之间形成观光的空间。最终完成从柱承重到墙体承重的转变，解决跨越"大空间"的问题。

项目实景